NAPOLEON HILL

Napoleon Hills Geheimnis des Erfolgs

NAPOLEON HILL

Napoleon Hills Geheimnis des Erfolgs

Das einzigartige Programm für Reichtum und Lebensglück

Aus dem Amerikanischen
von Jordan Wegberg

Die Originalausgabe erschien 2014 unter dem Titel
The Science of Success bei Jeremy P. Tarcher/Penguin, New York, USA.

Bibliografische Information der Deutschen Bibliothek

Die Deutsche Bibliothek verzeichnet diese Publikation in der
Deutschen Nationalbibliografie; detaillierte bibliografische
Daten sind im Internet unter www.dnb.de abrufbar.

Penguin Random House Verlagsgruppe FSC® N001967

1. Auflage

Redaktion: Evelyn Boos-Körner
Bildnachweis: Alle Abbildungen im Innenteil © Napoleon Hill Foundation
Umschlaggestaltung: Hauptmann & Kompanie Werbeagentur, Zürich
Satz: Satzwerk Huber, Germering
Druck und Bindung: CPI books GmbH, Leck

Printed in Germany

ISBN: 978-3-424-20216-8

Inhalt

Teil II
Die »Wissenschaft des Erfolgs« in den *Miami Daily News*, Juni und Juli 1956

Teil III
Die »Wissenschaft des Erfolgs« in der *Naperville Sun*, September 1956 bis Januar 1957

Vorwort

Napoleon Hills Geheimnis des Erfolgs ist eine Zusammenstellung einzelner Texte, die im Laufe des Lebens von Dr. Hill in Zeitungen und Zeitschriften-Sonderausgaben erschienen sind.

Diese von Reportern und Dr. Hill verfassten Artikel bieten zusätzliche Erkenntnisse über die Beliebtheit des Autors und seinen mitreißenden Stil sowohl als Motivationsredner wie auch als Autor.

Der wertvollste Fund ist für mich die *Science-of-Success*-Reihe, die aus fünfunddreißig *Miami-Daily-News*-Artikeln und den achtzehn zusätzlichen ausführlichen Essays besteht, in denen die Erfolgsprinzipien näher erläutert werden, jeweils ein Text für jedes Konzept.

Als Studentin, Praktikerin, Lehrende und Ausbildungsleiterin des Napoleon Hill World Learning Center für die Erfolgsphilosophie von Dr. Hill freue ich mich immer, wenn ich zusätzliche von ihm selbst verfasste Schriften finde. In diesen Zeitungsartikeln nutzt Dr. Hill dieselben Konzepte, aber mit anderen Beispielen, um seine Argumentation zu verdeutlichen und für jedermann verständlich zu machen.

Jedem, der Dr. Hills Bücher zu schätzen weiß, beweisen diese neuen und bisher nicht gesammelt veröffentlichten Artikel die Ausbreitung seines Einflusses in aller Welt, kulturübergreifend und in den verschiedensten weltlichen und religiösen Gemeinschaften. Er überschreitet wahrhaftig Grenzen, um die Botschaft zu verbreiten, wie sich persönlicher Erfolg erreichen lässt.

Sie können dieses Angebot zunächst als Einführung in Dr. Hills Lebenswerk lesen. Anschließend sollten Sie ein bisschen mehr in die Tiefe gehen, indem Sie eine oder mehrere seiner klassischen Arbeiten lesen, zum Beispiel *Denke nach und werde reich*, *Gesetze des Erfolgs* oder *How To Sell Your Way Through Life*. Setzen Sie dabei um, was Dr. Hill in jedem der Beiträge bespricht.

Das Ziel besteht nicht darin, einfach zu befolgen, was Dr. Hill schreibt, sondern seine Anleitungen in Ihr eigenes Leben zu integrieren und somit erfolgreich zu werden.

Arbeiten Sie zunächst mit einer oder zwei der Ideen, die Sie ansprechen, und wenn Sie dann konkrete Ergebnisse sehen, fügen Sie eine weitere Lehre Dr. Hills hinzu, um nach und nach eine ausgezeichnete Erfolgsgrundlage für Ihr Leben zu schaffen. Ich bin überzeugt, wenn Sie die Veränderungen wahrnehmen, lassen Sie Ihr altes Ich ohne Bedauern hinter sich und präsentieren sich der Welt als neue und verbesserte, »höhere Version« Ihrer selbst.

Das vorliegende Buch erfüllt seinen Zweck ebenso gut als Einführung in die Philosophie Dr. Hills wie als Auffrischung. Die kurzen Beiträge sind fesselnd, lassen sich zur Bekräftigung gut laut vorlesen und enthalten denkwürdige Zitate, die als Affirmationen, Denkanstöße oder Handlungsaufforderungen dienen können.

Es hat mir viel Freude bereitet, das Material zu sammeln und für dieses Buch zusammenzustellen, denn aus meiner Sicht unterstreicht es die Relevanz und die Umsetzbarkeit von Dr. Hills nach wie vor aktuellen Texten. Dr. Hill erkannte die Zeitlosigkeit seiner Schriften, als er ihren Nutzen »für noch ungeborene zukünftige Generationen« hervorhob.

Ich empfehle die Lektüre dieses Buches von Herzen, wenn Sie sich ernsthaft mit dem Studium und der Anwendung von Dr. Hills Erfolgsphilosophie beschäftigen.

Holen Sie jederzeit das Beste aus sich heraus!
Judy Williamson

TEIL I

Einzelveröffentlichungen

»Die Formel scheint simpel – sie scheint grundlegend zu sein. Dennoch repräsentiert sie die gebündelten Bemühungen eines ganzen Lebens.«

Der Mann, der Millionen den Erfolg lehrte

von John Johnson

Es gibt wohl kaum jemanden, der noch nicht von Napoleon Hill und seinem Erfolgsgesetz gehört hätte. Millionen Leser in aller Welt haben seine Lehren gelesen und davon profitiert. Nur wenigen ist jedoch der enorme persönliche Erfolg des Autors bewusst – eines Mannes, der mithilfe seiner Philosophie von einem Niemand aus der Kleinstadt zu einem internationalen Prominenten wurde. In dieser Ausgabe erzählt »der Mann, der Millionen den Erfolg lehrte« die bemerkenswerte Geschichte seines Lebens und enthüllt, wie die von ihm entwickelte Formel auch Sie zum Erfolg führen kann.

Alle Amerikaner waren beseelt und berührt, als Franklin Delano Roosevelts volltönende Stimme 1933 erklärte: »Wir haben nichts zu fürchten als die Furcht.« Überall war man wie elektrisiert von dieser Aussage; sie beendete die Panik, die unsere Wirtschaft ruiniert und die Grundfesten unserer Regierung erschüttert hatte.

Während der Präsident diese Worte sprach, lauschte ein anderer Mann ihnen in stiller Zufriedenheit. Dieser Mann war daran gewöhnt, anderen Menschen Worte und Ideen für alle Lebenslagen zur Verfügung zu stellen. Darin bestand seine Lebensaufgabe. Die Tatsache, dass der Präsident der Vereinigten Staaten den Anlass dazu nutzte, eine Idee zu verwenden, die er in seiner Funktion als vertraulicher Berater geäußert hatte, war ein weiterer Meilenstein seiner langen und fruchtbaren Karriere, deren

Ziel darin bestand, der Welt eine Philosophie zu schenken, mit der ein jeder das Beste aus sich herausholen kann.

Dieser Mann, der anonym im Schatten blieb, war Napoleon Hill. Nach *Denke nach und werde reich, How to Raise Your Own Salary* und anderen Bestsellern konnte man ihn als erfolgreichen Autor betrachten. Doch wer tatsächlich die Botschaft versteht, die er zu vermitteln versucht, wird mehr in ihm sehen als nur einen Autor. Schreiben ist lediglich eines der Instrumente, die er genutzt hat, um Millionen die Wahrheit über sich selbst und die eigenen Stärken nahezubringen, die nur den wenigsten bewusst sind.

Was sind das für Stärken? Kurz gesagt, umfassen sie die gewaltigen und ungenutzten Ausmaße der menschlichen Intelligenz und Fähigkeiten. Das Besondere an Hill ist, dass er sein Leben der Entwicklung einer Formel gewidmet hat, um diese Stärken bestmöglich freizusetzen – und um den Menschen beizubringen, wie sie seine Erkenntnisse auf ihr tägliches Leben anwenden können.

Die Stimme des fünfundsechzigjährigen Napoleon Hill wurde in allen Winkeln der Erde gehört – und ihr Effekt war gewaltig. Millionen von Menschen in zwanzig Ländern haben seine Bücher gelesen. Selbst das ferne Indien wurde von seiner Arbeit berührt. Dank dem Einfluss von Mahatma Gandhi veröffentlicht und vertreibt ein Verleger in Bombay alle erfolgreichen Bücher Hills. In Brasilien wurden seine Bücher übersetzt und auf Portugiesisch veröffentlicht. Und eine Sonderausgabe seines bekanntesten Buches, *Denke nach und werde reich*, wurde im australischen Sydney herausgebracht und im gesamten britischen Empire verkauft. Obwohl dieses Buch in den Vereinigten Staaten erstmals im Jahr 1937 aufgelegt wurde, ist es immer noch im ganzen Land ein Bestseller, und zahllose Exemplare wurden von Arbeitgebern als Geschenk für ihre Mitarbeiter erworben.

Schon früh machte Napoleon Hill sich auf die Suche nach der Formel des Erfolgs. Als er sie gefunden hatte, teilte er sein

Wissen mit den wartenden Millionen, die ansonsten in ihrer Unwissenheit gefangen geblieben wären.

Seine Motivation erklärt sich aus seiner nahezu unglaublichen Lebensgeschichte. Als Sohn eines verarmten Bergbewohners aus Virginia schien er zu einem Leben in ewiger Unwissenheit verdammt zu sein. »Alkoholschmuggel, Schnapsbrennereien, Analphabetismus und tödliche Familienfehden waren die wichtigsten Wirtschaftszweige unserer Gemeinschaft«, sagt er mit einem Lächeln, »und das Durchschnittsheim war eine bröckelige Bretterbude oder eine schmutzige Hütte.«

Die Hills lebten in einem Haus, auf das Letzteres zutraf. Als seine Mutter starb, war der kleine Napoleon, benannt nach einem reichen Großonkel väterlicherseits, noch ein Kind. Der Schicksalsschlag hinterließ seine Spuren. Vermutlich um seinen Schmerz zu verbergen, erwarb er den Ruf, der härteste Bursche in Wise County zu sein. Er trug ihn wie ein Ehrenabzeichen – bis sein Vater dem Neunjährigen eine Stiefmutter vorsetzte.

Die neue Mrs. Hill brachte frischen Wind in den Haushalt. Sie selbst stammte nicht aus den Bergen, war erschüttert von dem, was sie vorfand – und entschlossen, etwas daran zu ändern. Napoleon, der ihr größtes Problem hätte werden können, erwies sich als ihr größter Triumph.

»Ich wurde ihr als größter Lausebengel der ganzen Stadt vorgestellt«, erinnert sich der berühmte Erfolgswissenschaftler. »Aber meine Stiefmutter schaute mich an und sagte: ›Er ist kein Lausebengel. Er ist bloß ein Junge, der nicht gelernt hat, seine Klugheit in die richtigen Bahnen zu lenken.‹« In gewisser Weise waren diese Worte die Grundsteine der Philosophie, die er in den folgenden Jahrzehnten entwickeln sollte. Mrs. Hill wurde zu einem Leitstern. Mit ihrer Mitgift schickte sie ihren Ehemann zur Schule und gab keine Ruhe, bis er ein erfolgreicher Zahnarzt war. Für Napoleon und seinen jüngeren Bruder war ihre Entschlossenheit, ihnen eine Chance zu geben, die Rettung. Mit zwölf Jahren beendete der zukünftige Inspirator von Millionen die Grundschule, mit vierzehn war er Teilzeitreporter für fünfzehn Zeitungen, und mit fünfzehn, nach dem Abschluss der Highschool, ging er auf ein Business-College in Tazewell, Virginia. Je weiter sein Horizont wurde, desto schlimmer schien ihm die Unwissenheit, und mit wachsender Entschlossenheit entwickelte er sich voran.

Nach Abschluss des Business-College trat er eine Stelle bei einem führenden Anwalt an. Wie der unerfahrene Sechzehnjährige es schaffte, diesen Kontakt zu knüpfen, gleicht einer Legende der Kühnheit – und der Voraussicht. Er argumentierte, dass sein erster Arbeitsplatz ein Sprungbrett sein sollte. Ein guter Start war entscheidend, Geld zu diesem Zeitpunkt allerdings beinahe unwichtig.

Also schrieb er an Rufus A. Ayres, den ehemaligen Generalstaatsanwalt von Virginia und einen der berühmtesten Anwälte des Bundesstaates. Im Wesentlichen lautete sein Brief folgendermaßen:

> Ich habe soeben einen Lehrgang am Business-College absolviert und bin gut qualifiziert, um Ihnen als Sekretär zu dienen, eine Stelle, an der ich größtes Interesse habe. Da ich keinerlei Vorkenntnisse besitze, wird meine Tätigkeit bei Ihnen zu Beginn von größerem Nutzen für mich sein als für Sie. Aus diesem Grund bin ich bereit, für das Privileg der Zusammenarbeit mit Ihnen zu bezahlen. Sie können jeden Betrag verlangen, den Sie für gerecht halten, vorausgesetzt, dass er am Ende dreier Monate zu meinem Gehalt wird. Der Betrag, den ich Ihnen bezahlen soll, leitet sich von dem her, was Sie mir bezahlen, wenn ich Geld zu verdienen beginne.

»Der Generalstaatsanwalt Ayres war von meinem Brief so angetan, dass er mich einstellte«, erinnert sich Hill. Am Ende des ersten Monats begann der berühmte Anwalt, ihm ein regelmäßiges Gehalt zu zahlen, und wenig später war der junge Mann einer seiner zuverlässigsten Mitarbeiter.

Die juristische Arbeit gefiel Hill so sehr, dass er zeitweise erwog, seine Berufslaufbahn darauf aufzubauen. Mit achtzehn schrieb er sich für ein Jurastudium an der Georgetown University in Washington ein, um seine Gerichtszulassung zu erhalten. Das war eine ziemlich gewagte Angelegenheit. Ihm fehlte das Geld, um seine Ausbildung zu finanzieren. Aber dafür hatte er eine Idee. Schließlich hatte er schon einmal gegen Bezahlung Zeitungsartikel geschrieben, und das konnte er doch erneut tun. Diesmal wollte er sich auf biografische Geschichten berühmter Personen spezialisieren – die Art von Geschichten, die seinerzeit von vielen Zeitschriften veröffentlicht wurden.

Hill lernt den personifizierten Erfolg kennen

Als Erstes nahm er Kontakt zu Senator Bob Taylor aus Tennessee auf. Taylor war nicht nur Senator, sondern auch Herausgeber einer wichtigen Tageszeitung. Der junge Hill wollte sich durch seine Beiträge ein regelmäßiges Einkommen sichern. Taylor war von dem jungen Mann beeindruckt und bot an, ihm Empfehlungsschreiben für Prominente mitzugeben, über die Artikel zu schreiben sich lohnen könnte. Als ihr Gespräch beendet war, standen auf Hills Liste Thomas Edison, die Kaufmannslegende John Wanamaker, der Herausgeber des *Ladies' Home Journal* Edward Bok, der Herausgeber der *Saturday Evening Post* Cyrus H. K. Curtis, der Erfinder des Telefons Dr. Alexander Graham Bell und der große Stahlmagnat Andrew Carnegie.

Geblendet von den Aussichten auf seine neuen Beziehungen ließ Hill sein Rechtsstudium links liegen und stürzte sich in den Journalismus. Der Wendepunkt seines Lebens war sein Interview mit Andrew Carnegie, jenem Mann, der eine der mächtigsten Industrien der Menschheitsgeschichte aufgebaut hatte.

Nach einer Reise nach Pittsburgh ging Hill direkt in Carnegies Büro. Drei Stunden lang sprachen sie über das Leben des Magnaten. Am Ende lud Carnegie, der von dem jungen Mann sehr beeindruckt war, ihn als Gast zu sich nach Hause ein. Ihre

Gespräche setzten sich über drei Tage fort. Während Carnegie, der ehemals mittellose Einwanderer in ein fremdes Land, die Ereignisse Revue passieren ließ, die zu seinem eigenen Aufstieg geführt hatten, erklärte er Hill, die Welt brauche eine Erfolgsphilosophie auf der Grundlage des »Know-how« von Menschen wie ihm selbst, die ihr Wissen durch lebenslange Erfahrungen nach der Versuch-und-Irrtum-Methode erlangt hätten. Man brauche eine Art Blaupause, mit deren Hilfe die Menschen ihre Talente optimal ausschöpfen könnten. Das sei ein langwieriges und mühsames Vorhaben, es werde anstrengend und könnte sich möglicherweise lange Zeit nicht auszahlen. Aber irgendjemand, so beharrte er, müsse sich dieser Aufgabe annehmen.

Am Ende des dritten Tages stellte Carnegie seinem jungen Interviewer plötzlich eine Frage. »Wären Sie bereit«, so wollte er wissen, »zwanzig Jahre in diese Aufgabe zu investieren? Sagen Sie einfach Ja oder Nein. Nehmen Sie sich die nötige Zeit, um Ihre Entscheidung zu treffen, und sagen Sie mir dann Bescheid.«

Die Jackpot-Antwort

Verblüfft lehnte Hill sich zurück. Nur wenige Augenblicke später platzte der Neunzehnjährige heraus: »Ja, ich mache es, und Sie können sich darauf verlassen, dass ich es zu Ende bringe!«

Carnegie zeigte Hill die Uhr, die er in seiner Hand verborgen hatte. »Sie haben neunundzwanzig Sekunden für die Entscheidung gebraucht. Ich hätte Ihnen sechzig Sekunden zum Nachdenken gegeben!«

Später fand Hill heraus, dass der berühmte Industrielle noch zweihundertfünfzig weitere Männer gefragt hatte, ob sie die von ihm vorgeschlagene Aufgabe übernehmen wollten – aber nur Hill hatte seine Anforderungen erfüllt.

Und so nahm Napoleon Hill seine monumentale Lebensaufgabe in Angriff: die Formulierung einer einzigartigen Erfolgsphilosophie – einer Philosophie, die wie von Carnegie vorausgesagt erst zwanzig Jahre später veröffentlicht werden und in der Folge von Millionen Menschen gelesen werden sollte.

Hill begann seine Arbeit, indem er intensiv zum Leben von fünfhundert der erfolgreichsten Personen des Landes recherchierte, angefangen bei Henry Ford zu der Zeit, als das berühmte Modell T auf den Markt kam. Carnegie unterstützte ihn durch Empfehlungsschreiben für Top-Leute. Dazu gehörten Henry Ford, William Wrigley jun. und viele andere von ähnlichem Rang und Namen.

Die großen Männer waren zwar kooperativ und lieferten ihm Informationen, taten jedoch wenig bis gar nichts, um seinen finanziellen Status zu verbessern. In den folgenden Jahren, während er an der Erfolgsphilosophie arbeitete und die »Gesetze« testete, die sich ihm erschlossen, nahm sein Leben zahlreiche Wendungen. In diesem Schmelztiegel von Erfahrungen und Bemühungen, von Erfolg und Scheitern wurde *Gesetze des Erfolgs* geboren.

Kurz nach seiner Heirat 1910 erhielt Hills Karriere Antrieb, als er die Familie seiner Frau in Lumberport, West Virginia, besuchte. Der Gemeinde fehlte schon lange eine vernünftige Brücke, um den Verkehr über den nahen Monongahela River zu lenken.

Der junge Mann wandte an, was er von Carnegie gelernt hatte, und kontaktierte Behördenvertreter und Geschäftsleute. Indem er ihnen die Vorteile erklärte, überzeugte er sie davon, sich die Kosten zu teilen, die bei über einhunderttausend Dollar lagen. Und schon hatte die Stadt ihre lang ersehnte Brücke! Mehr noch, durch den Brückenbau kam auch der Güterverkehr und mit ihm ein geschäftlicher Wohlstand, aus dem Hill und die Verwandten seiner Frau rasch ihren Nutzen zogen. Ein Unternehmen zur Gaserzeugung wurde gegründet, und es wurde so profitabel, dass es Hill und seine Familie fortan von allen finanziellen Sorgen befreite und seine drei Söhne die Universität besuchen konnten. Während der vierundvierzig Jahre seiner Tätigkeit erzielte das Unternehmen einen Nettogewinn von mehreren Millionen Dollar und wird jetzt von Hills ältestem Sohn geführt.

Die zehn Regeln des Erfolgs

Auf die Frage, wie er das geschafft habe, erklärte Hill die zehn Punkte der Erfolgsformel, die Carnegie als Ausgangspunkt für seine Recherchen vorgeschlagen hatte:

1. Ein festes Ziel – das Bestimmen eines vorrangigen Ziels oder Zwecks.
2. Mastermind-Allianzen – Kontaktaufnahme zu und Zusammenarbeit mit Menschen, die das haben, was Sie nicht haben.
3. Zusätzliche Leistung – mehr zu tun, als Sie müssen, ist das Einzige, was Gehaltserhöhungen und Beförderungen rechtfertigt und Verpflichtungen schafft.
4. Aktiv glauben – jene Art von Überzeugung, die auch Handeln nach sich zieht.
5. Persönliche Initiative – tun Sie, was getan werden sollte, ohne dass man es Ihnen extra sagt.
6. Vorstellungskraft – wagen Sie, das Denkbare für möglich zu halten.
7. Begeisterung – jene ansteckende Eigenschaft, die auch bei anderen Begeisterung auslöst.
8. Präzises Denken – die Fähigkeit, Fakten von Fiktion zu unterscheiden und diejenigen zu nutzen, die für Ihre Sorgen oder Probleme relevant sind.
9. Konzentrierte Anstrengung – keine Ablenkung vom Ziel.
10. Von Widrigkeiten profitieren – denken Sie immer daran, dass jeder Rückschlag auch einen entsprechenden Nutzen mit sich bringt.

Sein Erfolg verschaffte ihm landesweite Bekanntheit und das Angebot, eine führende Fernschule zu leiten – für ein Gehalt und eine Kommission, die noch über dem für damalige Zeiten fabelhaften Betrag von fünfzehntausend Dollar jährlich liegen sollten. In nur zwei Jahren brachte er der Firma über eine Million Dollar Kapitalerträge ein und versetzte sie in die Lage, ihre Geschäftstätigkeit enorm zu erweitern. Daraufhin beschloss Hill, selbst eine Schule zu gründen, und verbrachte die nächsten beiden Jahre damit, Werbung zu unterrichten. Die Philosophie des Erfolgs, die sich in seinen Gedanken entwickelte, wurde tagtäglich bei allem getestet, was er tat – und sie funktionierte.

Die Regierung wendet die Erfolgsformel an

An diesem Wendepunkt begann der Erste Weltkrieg. Hill, der Woodrow Wilson durch Carnegie kennengelernt hatte, als der Präsident noch Direktor der Princeton University war, wurde nach Washington gebeten, um der obersten Führungsebene als vertraulicher Propagandaberater zu dienen. Seine Tätigkeit während des Krieges trug viel dazu bei, die für den Sieg notwendige patriotische Begeisterung zu entfachen.

Als 1918 die gewaltige deutsche Militärmaschinerie zusammenbrach, unterbreitete Hill einen Plan, der zur Zerschlagung der alten Hohenzollern-Dynastie beitrug und den Kaiser in die Flucht schlug! Präsident Wilson hatte die Bitte um Waffenstillstand kaum gelesen, da wandte er sich schon an Hill und zeigte ihm die Depesche. »Mister President«, rief Hill, »sollten wir nicht die Frage stellen, ob diese Bitte im Namen des deutschen Volkes erfolgt – oder im Namen des Kaiserreichs?« Diese Frage, von Wilson wiedergegeben, führte zur Abdankung des Kaisers. Sie beendete die Herrschaft eines der mächtigsten Königshäuser der Welt – und was der Anstoß für den Sturz weiterer absoluter Monarchien.

Nach Wilsons Tod und der Amtseinführung einer neuen Verwaltungsspitze beschloss Hill, zu seiner Tätigkeit als Dozent zurückzukehren. Wieder unterrichtete er und hielt Vorlesungen, um die Ideen und die Philosophie zu verbreiten, die sich aus seinen fortwährenden Untersuchungen von Erfolgsfaktoren entwickelten. Bei einer dieser Vorlesungen lernte er Don Mellet kennen, den Herausgeber der *Daily News* aus Canton, Ohio, der zu einem seiner größten Bewunderer und in der Folge auch zu seinem Manager wurde. Mellet drängte Hill, seine Recherchen zu Papier zu bringen – und seine Erkenntnisse in ein Manuskript einfließen zu lassen, das er als Buch veröffentlichen konnte. So begann Hill zu schreiben.

Ehe die Arbeit beendet war, wurde Mellet von einem Polizisten und vier Unterweltgestalten ermordet, die jetzt eine lebenslange Haftstrafe im Staatsgefängnis von Ohio absitzen. Mellet hatte eine Verbindung zwischen den vier Männern aufgedeckt, die es ihnen erlaubte, Drogen und Alkohol zu verkaufen, und ihre Namen in seiner Zeitung veröffentlicht. Darauf erfolgte das Attentat, und Hill entging nur knapp demselben Schicksal, denn die Gangster glaubten, dass er hinter den Angriffen der Zeitung stünde. Vor seinem Tod hatte Mellet mit dem Richter Elbert H. Gary, dem Vorstandsvorsitzenden der Stahlgesellschaft der Vereinigten Staaten, vereinbart, dass für die Veröffentlichung von Hills Erfolgsbuch Geld bereitgestellt werden sollte, doch Richter Gary starb, ehe die Vereinbarung erfüllt werden konnte. Die Hand des Schicksals, oder wie immer man das bezeichnen will, was die Menschen oft vor schwierige Prüfungen stellt, ehe ihnen der »Durchbruch« gelingt, schien Hill während dieser dramatischen Phase seiner Laufbahn nur die Verliererkarten auszuteilen.

Hill wird Kolumnist

Nach einem Jahr reiste er nach Philadelphia, um den Verleger Albert L. Pelton aufzusuchen. Nach einem Blick auf die Manuskripte kaufte Pelton sie an. So erlebte die Welt seine erste große Veröffentlichung – *Gesetze des Erfolgs* –, ein Werk, das in der Folge in acht Bänden erschien und inzwischen weltweit verkauft wird.

Nach der Veröffentlichung von *Gesetze des Erfolgs* begann Hills kometenhafter Aufstieg. Seine Tantiemen erreichten zweieinhalbtausend Dollar monatlich und blieben jahrelang auf diesem Niveau. Überall nutzten erfolgshungrige Menschen das Buch als ihre Blaupause für eine bessere Zukunft.

Hill war ständig auf Reisen, hielt Vorlesungen, lehrte und erklärte seine Philosophie. Schließlich konnte Bernard McFadden, der berühmte Verleger, ihn dazu überreden, eine tägliche Kolumne für seine Zeitung *New York Evening Graphic* zu schreiben. Die Kolumne mit dem Titel »Erfolg« wurde eine der Hauptrubriken des Blattes und ließ die Auflage während der ersten drei Monate um zweihunderttausend Exemplare wachsen. Doch letztlich ging die *New York Evening Graphic* ein. McFadden behauptete scherzhaft, das liege an Hills Kolumne, welche die Auflage so weit in die Höhe getrieben habe, dass der Anzeigenverkauf nicht hinterhergekommen sei. Tatsächlich hieß es, dass die Händler aus New York City McFaddens Zeitung aufgrund irgendeines Missverständnisses mit dem Verleger boykottierten und es ablehnten, darin zu inserieren.

Eine noch größere Chance bot sich, als Hills Protegé Jennings Randolph in den Kongress gewählt wurde. Randolph hatte Hill 1922 kennengelernt, als dieser bei seiner Abschlussfeier am Salem College in West Virginia die Festrede hielt. Der heutige Präsident von Capital Airlines, eine Stelle, die er nach vierzehn Jahren im Kongress angetreten hat, war seit seiner Jugend Hills Schüler gewesen. *Gesetze des Erfolgs* hatte sich für ihn als nützlich erwiesen – und er seinerseits war darauf erpicht, Hill zu unterstützen, indem er seinen Talenten eine größere Reichweite verschaffte. Dank seiner gemeinsamen Bemühungen mit Steve Early, dem Pressereferenten des Präsidenten, kehrte Hill 1933 ins Weiße Haus zurück. Die Wirtschaftskrise hatte eingesetzt, und Hills Arbeit bestand zum großen Teil darin, die National Rifle Association bekannt zu machen und das Vertrauen in die Regierung wiederherzustellen. In diesem Zeitraum steuerte er zu der Idee bei, dass »wir nichts zu fürchten haben als die Furcht selbst«.

Millionen lernen die Regeln des Erfolgs

Nachdem die Krise ihren Gipfelpunkt überschritten hatte, verließ Hill die Regierung und kehrte wieder zum Schreiben und Lehren seiner Philosophie zurück, von der wichtigsten Plattform der Nation aus. Sein zweites Buch *Denke nach und werde reich* stellte er 1937 fertig. Es ist eins der meistgelesenen und gewinnträchtigsten Bücher, die jemals veröffentlicht wurden, und wurde Schätzungen zufolge von über sechzig Millionen Menschen in den gesamten Vereinigten Staaten und über zwanzig anderen Ländern gelesen. Hill schätzt, dass es seit seiner Veröffentlichung einen Gewinn von ungefähr dreiundzwanzig Millionen Dollar erzielt hat.

Hill kaufte ein Anwesen in Florida und ging in den Ruhestand. Aber er hatte zu viele Ideen, wurde zu dringend gebraucht, um in der Abgeschiedenheit zu verharren. Im Jahr 1940 hatte er genug von der Untätigkeit und kehrte zu der Arbeit zurück, die seinem Leben Substanz verliehen hatte: der Verbreitung der Philosophie des Erfolgs, die seine endlosen Recherchen hervorgebracht hatten.

Die Umstände, die ihn wieder zur öffentlichen Tätigkeit zurückkehren ließen, waren ganz typisch. Er erinnert sich: »Mark Wooding, einer meiner Studenten, hatte vor Kurzem ein Restaurant in Atlanta, Georgia, eröffnet, und ich erfuhr, dass er in finanziellen Schwierigkeiten steckte. Ich konnte nicht vergessen, wie oft meine Freunde mich gerettet hatten, wenn ich Hilfe brauchte, deshalb setzte ich mich in einen Flieger nach Atlanta, um zu sehen, was ich zu seiner Unterstützung tun konnte.«

Hill rettete seine Freunde, indem er bei Dinnerveranstaltungen Vorträge über seine Erfolgsphilosophie hielt. Die Eintrittskarte war zugleich der Verzehrgutschein. Das Geschäft boomte, als die Nachricht von Hills Vorträgen sich verbreitete.

Im Zuge dieser Vorlesungen lernte er Dr. William P. Jacobs kennen, den Präsidenten des Presbyterian College in Clinton, South Carolina. Der Collegepräsident, der neben seinen anderen Interessen auch eine große Druckerei betrieb, drängte Hill, die gesamte Philosophie der persönlichen Errungenschaften noch einmal neu zu schreiben, und bot ihm an, eine neue Ausgabe zu veröffentlichen.

Am ersten Januar 1941 fing Hill an, die stenografischen Aufzeichnungen zu transkribieren, die er während seiner vielen Besprechungen mit Andrew Carnegie angefertigt hatte, und zum Jahresende – einen Tag vor Pearl Harbor – war er damit fertig. Das Resultat war die Veröffentlichung seines sechzehnbändigen Werks *Mental Dynamite*.

Nach dem Erscheinen der ersten Auflage musste das Projekt wegen der kriegsbedingten Papierknappheit eine Zwangspause einlegen. Dennoch ist Hill stolz auf die Ereigniskette, die zur Herausgabe dieser Arbeit geführt hatte. »Daran zeigt sich, wie wichtig es ist, einander behilflich zu sein«, sagt er, »und welche Kraft es erzeugt, mehr zu leisten als nur das Nötigste. Ich hätte meinem Freund Wooding nicht helfen müssen, sein Restaurant zum Erfolg zu führen. Aber weil ich es tat, hatte ich auch einen Nutzen davon!«

Du kannst, wenn du willst

Er verwendete dieses Beispiel, neben vielen anderen aus seiner persönlichen Erfahrung, um die Werthaltigkeit seiner Theorie der »kosmischen Gewohnheitsmacht« zu untermauern. Diese Theorie basiert auf der Vorstellung: »Alles, was der menschliche Verstand sich vorstellen und woran er glauben kann, lässt sich auch erreichen.« Mit anderen Worten, wenn Sie davon überzeugt sind, etwas zu schaffen, dann werden Sie es auch schaffen, egal welche Hindernisse dem entgegenstehen mögen. Hill glaubte, dass er seinem Freund würde helfen können, und er tat es – und das »Gesetz des Ausgleichs« entschädigte ihn daraufhin mehr als reichlich für seine Bemühungen.

Während des Krieges stellte Hill seine Dienste der Industrie zur Verfügung – er half dabei, potenzielle Schwachstellen in den Arbeitsabläufen wichtiger Fabriken zu beseitigen. Und als er 1944 das Gefühl hatte, bereit für einen Halbruhestand zu sein, zog er mit seiner Frau nach Kalifornien. Bei seiner Ankunft in Los Angeles stellte er fest, dass sein Buch und seine Philosophie von Tausenden und Abertausenden gelesen und angewandt wurden. Die Zentralbibliothek von Los Angeles verfügte über einundsiebzig Exemplare von *Denke nach und werde reich* mit deutlichen Lesespuren. In dieser Kategorie war es das führende Buch.

Wegen seiner enormen Anhängerschaft an der Westküste wurde Hill zum Radiokommentator, und während der folgenden drei Jahre war seine Sendung bei KFWB in Los Angeles eine der beliebtesten, die in diesem Bereich jemals produziert worden waren.

Doch eine neue und die vielleicht wichtigste Phase seines Lebens lag noch vor ihm. Sie begann 1951, als er auf Bitten eines seiner früheren Studenten nach St. Louis fuhr, um mit einer Gruppe von dreihundertfünfzig Personen einen auf seiner Erfolgsphilosophie basierenden Übungslehrgang durchzuführen. Dabei lernte er einen Zahnarzt kennen, der ihn einlud, vor fünfzig Zahnärzten in Chicago eine Rede zu halten. Hill nahm die Einladung an.

Beginn einer neuen Karriere

Es war eine schicksalhafte Entscheidung. Während seines gesamten langen und produktiven Lebens eröffnete seine Bereitschaft, anderen zu helfen, ihm immer größere Chancen. Einer der Gäste bei dieser Zusammenkunft war W. Clement Stone jun., der von seinem Zahnarzt eingeladen worden war, um Hill sprechen zu hören. Der junge Stone, Sohn des Chefs einer der führenden Versicherungsgesellschaften des Landes, stellte sich Hill bei dessen Ankunft vor.

»Mein Vater war sein Leben lang Anhänger Ihrer Philosophie«, erzählte er dem Erfolgswissenschaftler. »Tatsächlich hat er sein Multimillionen-Dollar-Unternehmen auf den in Ihrem Buch beschriebenen Prinzipien aufgebaut.«

Im Rückblick auf diese Zusammenkunft erzählt Hill: »Als er mir sagte, sein Vater sei der Vorstandsvorsitzende der Combined Insurance Company of America, erinnerte ich mich, dass dieses Unternehmen während der vergangenen Jahre von Zeit zu Zeit größere Mengen praktisch aller meiner Bücher gekauft hatte.«

Während der Mittagspause wurde Hill W. Clement Stone sen. vorgestellt, der, wie er erfuhr, seinen Flug zu einem wichtigen Geschäftstermin abgesagt hatte, um ihn reden zu hören. Stone erzählte ihm, wie viel *Gesetze des Erfolgs*, *Denke nach und werde reich*, *Mental Dynamite* und andere Veröffentlichungen Hills bei ihm in Gang gesetzt hatten – und er brachte eine neue Idee auf. »Ihre Erfolgsphilosophie sollte verfilmt werden, damit Tausende sie sehen und hören können. Sie sollte in einer Form präsentiert werden, die für die größtmögliche Zahl an Menschen den größtmöglichen Nutzen bieten kann!«

Dann bot der viele Millionen schwere Versicherungsmagnat an, sich für dieses Projekt einzusetzen, falls Hill damit einverstanden sei. Hocherfreut von dieser neuen Idee nahm Hill das Angebot unter die Lupe und akzeptierte es schließlich. Später erweiterte er sein Bündnis mit Stone noch, indem er den Unternehmenschef zu seinem Manager machte. Gemäß der Bedingungen des Vertrags, den sie miteinander schlossen, wurde er Hills exklusiver Manager und Verleger. In der Folge entwickelte sich eine neue Organisation – Napoleon Hill Associates. Mit dieser Gruppe hoffen die Geschäftsinhaber, Hills Reichweite auf die unzähligen Millionen zu erweitern, die seiner Hilfe bedürfen. Sie wollen noch weiteren Menschen die bemerkenswerte Erfolgsformel nahebringen, die so viel für jene geleistet hat, die ihre Regeln studiert und befolgt haben.

Das Bündnis zwischen Stone und Hill hat bereits Früchte getragen. Es führte zur Veröffentlichung von *How to Raise Your Own Salary*, zur Vorbereitung eines neuen Manuskripts, das unter dem Titel *How to Find Peace of Mind* herauskommen soll, zu einem Film, der Hills dynamische Persönlichkeit und seine Prinzipen wortgetreu für künftige Generationen bewahrt, und es führte eine Gruppe von Männern und Frauen zusammen, die unmittelbar unter Hills Anleitung studieren, um zu Lehrern seiner Grundsätze zu werden. Sie werden zu Multiplikatoren seiner Person, indem sie Hills Philosophie in Städten und Dörfern des ganzen Landes unterrichten.

Neues Leben einhauchen

Dass die Philosophie funktioniert, versteht sich von selbst. Paris, Missouri, ist ein typisches Beispiel. Hill unterrichtete eine Gruppe in dieser Kleinstadt des Mittleren Westens darin, seine Prinzipien zu nutzen und anzuwenden. Innerhalb eines Jahres war der Ort, ein verschlafenes kleines Nest, das sich seit dem Bürgerkrieg kaum verändert hatte, gänzlich von neuem Leben erfüllt. Heute haben Neubauten, eine neue Kirche und zahlreiche Verbesserungen für die Bewohner den Ort vollkommen verwandelt. Und es gibt fortlaufende Pläne für weitere Verbesserungen. Hills Absolventen, die in einer Gruppe namens »Club Success Unlimited« eng zusammengeschweißt sind, arbeiten weiterhin an Fortschritten.

Heute freuen sich Hill und Stone bei ihrer Zusammenarbeit auf den Tag, an dem »Success Unlimited« zu jedermanns Losung wird, an dem jeder Mann und jede Frau, die mehr aus ihrem Leben machen wollen, an dem alle, die sich die Schaffung einer neuen Zukunft zum Ziel gesetzt haben, in ähnlichen Gruppen miteinander verbunden sind.

Um dies jedem zu ermöglichen – selbst jenen, die in abgelegenen und isolierten Gegenden wohnen –, haben sie Fernstudiengänge entwickelt, Pläne für individuelle Studiengruppen und Sonderlehrgänge, die unter der Leitung speziell ausgebildeter Lehrer und Moderatoren abgehalten werden. Und sie planen, in den nächsten fünf Jahren zu erreichen, was normalerweise fünfzig Jahre Planung und Arbeit erfordern würde, darunter die Übersetzung der Wissenschaft des Erfolgs in die wichtigsten Sprachen der Welt.

Die Grundprinzipien schaffen den Erfolg

Hills Philosophie bleibt ein lebendiges, wachsendes Konzept des Menschen an sich und der Faktoren, die sein Leben bestimmen. Im Laufe der Jahre hat es sich erweitert. Zu den zehn Grundprinzipien, die ihm Carnegie nannte, steuerten Männer wie Ford, Edison und fast fünfhundert weitere Führungskräfte, die bei seiner Suche nach den Bestandteilen des individuellen Erfolgs mithalfen, sieben weitere Punkte bei, und zwar folgende:

1. Die angewandte goldene Regel: Wer sät, der will auch ernten.

2. Die kosmische Gewohnheitsmacht: das kontrollierende Naturgesetz, durch das alle Gewohnheiten geprägt werden, abstrakt beschrieben in Emersons Gesetz des Ausgleichs.
3. Konzentration: sich so lange mit einer Aufgabe beschäftigen, bis sie gelöst oder aus hinreichendem Grunde verworfen wurde.
4. Gewinnende Persönlichkeit: eine Eigenschaft, die man entwickeln und fortwährend verbessern kann.
5. Selbstkontrolle: die Beherrschung von Gedanken, Worten und Taten.
6. Die Gewohnheit des gesunden Lebens: Maß halten beim Essen, beim Sport, beim Denken und beim Trinken.
7. Die Gewohnheit des Sparens: Einteilung von Zeit, Geld und Ausgaben.

Die Formel scheint simpel – sie scheint grundlegend zu sein. Dennoch repräsentiert sie die gebündelten Bemühungen eines ganzen Lebens. Nur recht wenigen Menschen in der Weltgeschichte ist es gelungen, jederzeit alle diese Prinzipien anzuwenden. Hill, der Mann, der bereits Millionen den Erfolg gelehrt hat, hat die Hoffnung, noch mehr Menschen zu vermitteln, wie sie diese Grundregeln des Erfolgs beherzigen können. Er ist sich gewiss, dass die Macht, die ihnen dieses Wissen gibt – dieser Schlüssel zum individuellen Erfolg –, ein wirksames Mittel gegen jene Frustration und Unzufriedenheit ist, die Kriege hervorbringt und Misserfolge in den Kommunismus münden lässt.

»Wenn Sie die Macht haben voranzukommen – wenn Sie gewiss sind, dass Sie eine bessere Zukunft haben können –, werden Sie niemals Ihr Geburtsrecht auf Freiheit aufgeben«, sagt er.

Aus: *Salesman's Opportunity: The Magazine of Successful Selling*, November 1954

Glaube ist der Generalschlüssel zur Wissenschaft des Erfolgs

von Napoleon Hill

Er antwortete: Wegen eures Kleinglaubens. Denn, amen, ich sage euch: Wenn ihr Glauben habt wie ein Senfkorn, dann werdet ihr zu diesem Berg sagen: Rück von hier nach dort! und er wird wegrücken. Nichts wird euch unmöglich sein. (Matthäus 17, 20)

Glaube ist der Generalschlüssel, mit dem wir die Tür öffnen können, die unser weltliches Schicksal von der ewigen Kraftquelle des Universums trennt. Die Wissenschaft hat uns das Geheimnis der Kernkraft enthüllt, hat den Himmel über uns und den Ozean unter uns gemeistert und hat Fortbewegungsmittel ermöglicht, die schneller sind als der Schall, aber sie hat nicht die unergründliche Macht des Glaubens erklärt.

Ich glaube, dass ich mich mit dem Thema des angewandten Glaubens auskenne, und zwar nicht in der Theorie und nicht durch das Lesen von Büchern, sondern durch eigene Beobachtung und Erfahrung.

Lassen Sie mich erzählen, wie ich als junger Mann die erste große Gelegenheit erhielt, meinen Glauben auf den Prüfstand zu stellen.

Ich hatte gerade ein dreitägiges Interview mit Andrew Carnegie geführt, dem Philanthropen und Gründer der United States Steel Corporation. Zu diesem Zeitpunkt war Mr. Carnegie der reichste Mann der Welt. Er hatte mir die Aufgabe übertragen, die weltweit erste praktische Philosophie der persönlichen

Errungenschaften zu schreiben, daran aber die Bedingung geknüpft, dass ich zwanzig Jahre in ihre Erforschung investieren und während dieser Zeit meinen eigenen Lebensunterhalt verdienen sollte, ohne finanzielle Unterstützung durch ihn.

Ich bemühte mich verzweifelt, die Aufgabe abzulehnen mit der Begründung, dass ich nicht über die notwendigen finanziellen Mittel verfügte, um zwanzig Jahre lang ohne Erträge zu recherchieren; ich hatte keine genügende Ausbildung, die die Annahme eines solchen Auftrags gerechtfertigt hätte; und was noch schlimmer war, ich war mir nicht mal ganz sicher, ob ich die Bedeutung des Wortes »Philosophie« verstand.

All diese »Ausreden« kamen mir in den Sinn, während ich in Mr. Carnegies Bibliothek saß und er auf meine Antwort wartete, aber irgendwie konnte ich den Mund nicht aufbekommen, um die wunderbare Chance abzulehnen, die er mir gegeben hatte. Dann erstrahlte wie bei einem Blitz ein helles Licht um mich herum, das Zimmer kam mir vor, als sei ein Flutlicht eingeschaltet worden. Und irgendetwas in mir meinte: »Sag ihm, dass du den Auftrag annimmst.« Und das tat ich!

Als ich meinen Verwandten erzählte, dass ich eine auf zwanzig Jahre angelegte Arbeit ohne Bezahlung angenommen hatte, und sie herausfanden, dass mein Arbeitgeber der reichste Mann der Welt war, ließen sie wenig Zweifel an ihrer Überzeugung, dass ich den Verstand verloren hatte.

Doch ich war glücklich, denn ich erkannte, dass ich erfolgreich mit meiner ersten großen Chance umgegangen war, meine eigene Glaubensstärke weiterzuentwickeln.

Im Laufe meiner zwanzigjährigen Arbeit mit Mr. Carnegie habe ich vieles gelernt. Eine wichtige Erkenntnis war, dass jede Widrigkeit, jedes Scheitern, jede Niederlage und jeder unglückliche Lebensumstand in sich den Keim eines gleichwertigen Nutzens trägt. *Der Schöpfer hat weise dafür gesorgt, dass niemandem etwas von Wert genommen werden kann, ohne dass etwas von ebensolchem oder gar größerem Wert ihm zur Verfügung gestellt wird.*

Wo immer Sie auch hinschauen, Sie werden keine tiefere Wahrheit finden als diese – eine Wahrheit, die Ihnen Trost spendet und Sie aus den Tiefen der Verzweiflung führt, wenn Sie vom Kummer überwältigt werden – *vorausgesetzt, Sie entwickeln Ihren Glauben weiter.*

In den Jahren der Recherche und Organisation für die Wissenschaft des Erfolgs erlitt ich nicht weniger als zwanzig große Niederlagen, und jede einzelne davon bot mir eine großartige Chance, meinen Glauben auf die Probe zu stellen. Ohne die Erkenntnisse, die mir durch diese Niederlagen vermittelt wurden, hätte die Philosophie der Erfolgswissenschaft nicht zu meinen Lebzeiten beendet werden können.

Die vielleicht größte Gnade, die mir durch meine Erfahrungen mit Niederlagen zuteilwurde, war die Erkenntnis, dass Gebete uns zwar die Richtung weisen können, aber um Nutzen daraus zu ziehen, müssen wir selbst etwas tun. Außerdem sind die wirksamsten all unserer Gebete diejenigen, mit denen wir unserer Dankbarkeit Ausdruck verleihen für die Segnungen, die wir bereits genießen dürfen, anstatt um weitere Segnungen zu bitten.

Nachdem ich gelernt hatte, auf diese Weise zu beten, begannen sich meine Segnungen zu vervielfältigen, bis ich schließlich alles hatte, was ich mir wünschte oder brauchte, ohne um mehr bitten zu müssen. Ein wichtiger Wendepunkt meines Lebens war an dem Tag erreicht, als ich erstmals sagte: »O Herr, ich bitte nicht um weiteren Segen, sondern um mehr Weisheit, mit der ich die Segnungen, die du mir bei meiner Geburt geschenkt hast, besser nutzen kann – das Privileg, meinen eigenen Verstand zu Zwecken meiner Wahl zu kontrollieren und zu steuern.«

Das Gehirn ist so strukturiert, dass es die Summe und Substanz dessen anzieht, worüber man am häufigsten nachdenkt. Es ist eine Tatsache, dass das Leben einem jeden das bringt, was ihn beschäftigt, seien diese Gedanken nun von Angst oder von Glauben bestimmt. Die meisten Menschen richten ihre

Gedanken auf Ängste und selbst auferlegte Beschränkungen, und dann wundern sie sich, warum das Leben ihnen so übel mitspielt.

Angst ist nichts anderes als auf den Kopf gestellter Glaube! Das Fundament, auf dem sowohl Vertrauen als auch Angst ruhen, ist der Glaube an etwas.

Noch etwas anderes habe ich in der Zusammenarbeit mit Mr. Carnegie gelernt: Wenn man den bestmöglichen Nutzen aus allen Werkzeugen oder Umständen zieht, deren man habhaft wird, im festen Vertrauen darauf, die eigenen Wünsche zu verwirklichen, dann bieten sich einem auf mysteriöse Weise noch bessere Werkzeuge und Umstände. Haben Sie ein Ziel vor Augen, das Sie erreichen wollen, dann müssen Sie genau dort anfangen, wo Sie jetzt gerade stehen.

Die einzige Qualifikation, die ich besaß, um Andrew Carnegies Auftrag anzunehmen, die Wissenschaft des Erfolgs auszuarbeiten, war der unerschütterliche Glaube, dass sich mir die Mittel und Wege zur erfolgreichen Ausführung der Mission im Laufe meiner Tätigkeit offenbaren würden. Und das taten sie immer!

Das Folgende wird Ihnen zeigen, wie rätselhaft der Herr handelt. Ich erkannte schon vor langer Zeit, dass ich ein automatisiertes System brauchte, um mich um all meine Bedürfnisse zu kümmern. Ich übernahm etwas, das ich als meine Neun Unsichtbaren Lotsen bezeichne. Ich nenne sie meine Neun Prinzen.

Mein System des angewandten Glaubens besteht aus neun unsichtbaren Wesenheiten, die ich einer Inspiration folgend in meinem Geist erschuf. Jede von ihnen stützt sich auf das und verwendet den Vorrat an *Glaubensguthaben,* das ich geschaffen habe, indem ich Dankbarkeit für die erwünschten Segnungen ausdrücke, noch ehe ich sie erhalte. Ich weiß nicht, ob diese Lotsen eingebildet sind oder nicht. Vielleicht hat der Herr sie wirklich als unsichtbare Bildnisse geschaffen; jedenfalls sind sie ebenso wirkungsvoll, als wären sie real.

Der *Prinz der stabilen Gesundheit* arbeitet, während ich schlafe, um meine leibliche Hülle gesund und in einem normalen Funktionszustand als Sitz und Verwaltung meines Geistes zu halten. Jede Zelle meines Körpers wird mit der Energie wiederbelebt, die für ihr effizientes Funktionieren notwendig ist.

Der *Prinz des finanziellen Wohlstands* kümmert sich um all meine finanziellen Bedürfnisse, indem er mich dazu anregt, hilfreiche Dienste im Verhältnis zu meinen finanziellen Ansprüchen zu leisten. Obwohl ich in Armut geboren wurde und meine Kindheit entsprechend verbrachte, muss ich mich nicht länger um meine finanziellen Bedürfnisse sorgen. Sie werden automatisch gestillt, und das verschafft mir Freiheit von Geldnöten.

Der *Prinz des inneren Friedens* hält meine Gedanken auf ewig frei von den Quellen der Angst und der Besorgnis und bestimmt sie somit dazu, Glauben zum Ausdruck zu bringen.

Die *Prinzen der Hoffnung und des Glaubens* sind Zwillinge. Gemeinsam sorgen sie dafür, dass ich aktiv meine Pflichten erfülle, die mein Leben bereichern und mir helfen, das anderer zu bereichern – durch die Bücher, die ich schreibe, und die persönlichen Ratschläge, die ich vielen meiner Freunde zu erteilen das Privileg besitze. Und sie helfen mir, in jedem meiner Vorhaben ein erfolgreiches Ende zu erkennen, noch ehe ich mich einem bestimmten Ziel widme. Was noch wichtiger ist: Hoffnung und Glaube fungieren gemeinsam als Generalschlüssel, mit dem ich willentlich die Tür zur Allumfassenden Intelligenz öffnen kann, zu jedem von mir gewünschten Zweck.

Die *Prinzen der Liebe und der Romantik* sind ebenfalls Zwillinge. Sie halten mich geistig und körperlich jung und tränken all meine Handlungen mit dem Geist der Liebe. Das macht sie zu einer einflussreichen Kraft zum Nutzen aller, denen sie dienen.

Der *Prinz der Geduld* schenkt mir ein ausgewogenes Leben und hilft mir, mittels Selbstdisziplin meine Gedanken und Taten zu terminieren, damit sie wirksam und nutzbringend für alle sind, auf die sie sich auswirken. Und dieser Prinz sorgt dafür, dass ich anderen mit Verständnis und Toleranz begegne, was beständige Freundschaften hervorbringt.

Der *Prinz der übergreifenden Weisheit* verknüpft mich so mit all den Einflüssen, die mein Leben prägen – Vergangenheit, Gegenwart und Zukunft –, dass ich aus jedem davon einen Nutzen ziehe, ob sie nun angenehm oder unangenehm sind. Und dieser Prinz führt mich auch in die richtige Richtung, wenn ich die Wegkreuzungen des Lebens erreiche, an denen ich Entscheidungen treffen muss, die über meine Ausbildung, meine Erfahrung und meine angeborenen Fähigkeiten hinausgehen.

Darüber hinaus ist mein Glaube eine Art Wanderbotschafter, dessen Pflicht darin besteht, Botengänge zu erledigen und allgemeine Dienstleistungen zu erbringen, die nicht einem der neun Lotsen zugeteilt sind.

Manchmal rufe ich meinen Glauben an, mir einen Dienst zu erweisen, dessen Bedeutsamkeit nicht als gering eingeordnet werden kann. Zum Beispiel beschlossen meine Frau und ich vor einigen Jahren, unser Haus in Kalifornien zu verkaufen und wieder nach Greenville, South Carolina, zu ziehen, um mir die Flugreisen zwischen meinem Zuhause und meinem Büro in Chicago zu sparen.

Wir hatten sehr konkrete Vorstellungen davon, was für ein Haus in was für einer Lage wir haben wollten. Vor allem sollte es in einer erstklassigen Gegend sein. Es musste ein großes Grundstück mit zahlreichen Bäumen haben. Das Haus sollte weitläufig sein und das Anbauen weiterer Räume zulassen, falls wir sie brauchten, und es musste auf einem wohlausgewogenen, leicht abfallenden Hügel liegen. Und nicht zuletzt sollte es innerhalb einer bestimmten Preisspanne zu haben sein. Es war nicht leicht, in Greenville – und übrigens auch anderswo – etwas zu finden, das diese Kombination von Ansprüchen erfüllte.

Aber wir setzten voller Zuversicht auf den Glauben, und innerhalb weniger Tage wurden wir genau an jenen Ort geführt, der all unseren Anforderungen entsprach.

In unserem Haus sprechen wir keine negativen Äußerungen aus, lassen negativen Gedanken keinen Raum, sondern füllen die gesamte Umgebung mit Hoffnung und Glauben und Liebe und Romantik. Täglich segnen wir jedes Zimmer unseres Hauses. Wir segnen unseren gesamten Wald mit seinen herrlichen Bäumen und Blumen. Wir segnen die Singvögel, die sich an unserer »Vogelcafeteria« satt essen und in unserem Vogelbad planschen. Und wir segnen unsere zahlreichen Freunde auf aller Welt, obwohl wir nur wenige davon persönlich kennengelernt haben.

Und schließlich segnen wir auch Sie, der Sie diese Zeilen lesen, und hoffen aufrichtig, dass Sie darin den einen oder anderen Hinweis finden, der Ihr Leben bereichert und ihm in all Ihren zwischenmenschlichen Beziehungen mehr positive Kraft verleiht.

Aus: *The Cadle Call,* April 1964, Bd. XXIII, Nr. 9, S. 8–10

Im Flug erwischt – Zusätzliche Leistung zahlt sich aus, sagt Napoleon Hill

von Charles H. Garrison

Der heutige Gastkünstler ist Napoleon Hill, ein im ganzen Lande bekannter Autor und Dozent, der jetzt in Clinton wohnt. Mr. Hill stammt aus dem südwestlichen Virginia.

Vor rund dreißig Jahren wurde der frühere Banker von Andrew Carnegie unter zahlreichen Bewerbern erwählt und mit der wichtigen Aufgabe betraut, die Geschäftsmethoden einiger amerikanischer Großindustrieller zu analysieren. Mr. Hill hat seine Arbeit seither kontinuierlich fortgeführt. Heute sind seine Methoden in vielen anderen Ländern wie auch in Amerika bekannt und werden angewandt. Sein heutiger Artikel heißt »Zusätzliche Leistung erbringen« und richtet einen Aufruf an die Leser, der mit der alltäglichen Lebenspraxis zu tun hat.

Vor über dreißig Jahren hielt Andrew Carnegie unter dem Tisch verborgen eine Stoppuhr in der Hand und erfasste damit meine Reaktionszeit auf die Chance, die er mir geboten hatte. Diese Chance bestand in dem Privileg, die Philosophie der amerikanischen Errungenschaften zu entwickeln, ausgehend von den Erfahrungen Mr. Carnegies, Thomas A. Edisons, Henry Fords, John Wanamakers, Cyrus H. K. Curtis', Dr. Alexander Graham Bells und anderer Männer, die sich um den American Way of Life verdient gemacht hatten.

Durch diese Forschung wurden die siebzehn Prinzipien des individuellen Erfolgs entdeckt, deren Nützlichstes wohl in der Gewohnheit besteht, zusätzliche Leistung zu erbringen.

Ich habe dieses Prinzip der Zusatzleistung für die heutige Kolumne angesichts der Tatsache ausgewählt, dass die ganze Welt rasch auf den geistigen Bankrott zusteuert, hauptsächlich weil die Mehrheit der Menschen dieses Prinzip auf den Kopf gestellt hat und versucht, fürs Nichtstun entlohnt zu werden. Das liegt vermutlich daran, dass die wahre spirituelle Bedeutung dieser Regel nicht allgemein verstanden wurde. Letztlich handelt es sich dabei um die goldene Regel, die in jeder Lebenslage auf das menschliche Miteinander anzuwenden ist. Lloyd Douglas hat die ganze Bedeutung dieser großartigen universellen Regel erfasst und sie in seinem Buch *Magnificent Obsession* interpretiert, das auf seine Leser einen nachhaltigen Eindruck gemacht hat.

Dieses Land mag eine auf zwei Ozeanen tätige Kriegsflotte brauchen, es mag die größte Luftflotte der Welt brauchen, es mag eine umfangreiche Produktion von Kriegswaffen brauchen, und ich glaube, dass es all das braucht; aber was es am dringendsten braucht, ist, dass die Menschen, wir alle, aufhören, etwas bekommen zu wollen, ohne zu geben, und jetzt anfangen, Zusätzliches zu leisten, im selben Geiste, in dem die sechsundfünfzig Unterzeichner der Unabhängigkeitserklärung diese Regel angewandt haben, als das »freieste und reichste« der Zivilisation bekannte Land aus der Taufe gehoben wurde.

Das dient nicht nur der Rettung unserer Seelen (denn einige von uns scheinen sich um ihre Seele weniger Gedanken zu machen als um ihre Brieftasche), sondern es ist auch der schnellste und sicherste Weg zu wirtschaftlicher Selbstbestimmtheit, denn so wahr die Nacht dem Tage folgt, wird derjenige, der mehr tut als das, wofür er bezahlt wird, und der dies mit einer guten inneren Einstellung tut, früher oder später für seine Taten entlohnt. Diese Regel hat in den über dreißig Jahren, die ich sie befolge, niemals versagt.

Nehmen wir zum Beispiel meine eigene Erfahrung. Andrew Carnegie sagte: »Wenn Sie etwas Zusätzliches leisten und zwanzig Jahre unbezahlter Arbeit investieren, um herauszufinden, was mir hilft, voranzukommen und vorn zu bleiben, stiften Sie nicht nur einen dauerhaften Nutzen für Millionen einer noch nicht geborenen Generation, sondern die Früchte Ihrer Arbeit geben Ihnen auch für den Rest Ihres Lebens finanzielle Sicherheit, falls Sie nie etwas anderes machen.«

Begegnung mit Dr. Jacobs

Ich glaubte, was er sagte, denn er hatte in seinem eigenen Leben unter Beweis gestellt, dass er die Regeln der individuellen Leistung kannte und eine davon – die der Zusatzleistung – so erfolgreich angewandt hatte, dass sein riesiges Vermögen sich weiterhin vermehrt und denjenigen Bildung ermöglicht, die gerne aus eigener Kraft vorankommen möchten, statt irgendetwas ohne Gegenleistung zu erwarten. Ich wurde weit über meine kühnsten Hoffnungen hinaus belohnt, denn heute ist die Philosophie der amerikanischen Errungenschaften auf der ganzen Welt bekannt, und Dr. William Plumer Jacobs, der Präsident des Presbyterian College, und ich veröffentlichen sie in einer Volksausgabe zur massenhaften Verwendung in diesem Land. Wir hoffen, dass unser Plan es uns ermöglicht, die Verbreitung der derzeit allgemein beliebten Gewohnheit aufzuhalten, Dinge ohne Gegenleistung bekommen zu wollen.

Jahrelang hatte ich gehofft, dem amerikanischen Volk diese Philosophie nahebringen zu können (und damit mein Versprechen gegenüber Mr. Carnegie zu halten), indem ich lediglich die Kosten für meine Dienste trug, aber es erwies sich als schwierig, einen Verleger zu finden, der visionär genug war, das Prinzip der zusätzlichen Leistung anzunehmen, und dem es nicht um den Gewinn ging, sondern darum, den Menschen zu dienen.

Diesen Mann hatte ich gefunden, als ich aufgrund einer Reihe ungewöhnlicher Umstände das Privileg erhielt, Dr. Jacobs kennenlernen zu dürfen. Ich hatte mich unter den großen Verlagshäusern der Ostküste nach einem Verleger umgeschaut, doch ich fand ihn in der Kleinstadt Clinton, South Carolina, dem letzten Ort auf der Welt, an dem ich nach jemandem mit genügend kreativer Vision gesucht hätte, der mir helfen würde, dem amerikanischen Volk einen derartigen Dienst zu erweisen, wie wir es getan haben.

Den jungen Menschen helfen

Trotz all seiner geschäftlichen Verpflichtungen half Dr. Jacobs mir, die Philosophie der amerikanischen Errungenschaften komplett umzuschreiben. Er widmete sich dieser Aufgabe mit einem Enthusiasmus, wie ich ihn nie zuvor erlebt hatte, denn er sah in dieser Philosophie ein Mittel, um der amerikanischen Jugend (ebenso wie den Erwachsenen) eine geradlinige Denkweise zu vermitteln, denn diese Aufgabe muss angegangen werden, und zwar jetzt, wenn der American Way of Life die nächste Generation überdauern soll. Wir erarbeiteten einen Plan, um diese Philosophie den fünfhunderttausend jungen Männern und Frauen zu vermitteln, die jährlich von den Wirtschaftshochschulen abgehen; denjenigen also, die zu den Unternehmern und Industriellen von morgen werden. Wir haben auch einen Plan, um sie den Highschool-Absolventen und den Collegestudenten zu vermitteln.

Das ist die Form der Dienstleistung, die wir ohne die Absicht kommerziellen Gewinns erbringen werden, denn wir haben erkannt: Die gewaltigen Schulden, die diese Generation der nächsten und nachfolgenden hinterlässt – Schulden, die weit über das Finanzielle hinausgehen –, sind so groß, dass sie den American Way of Life zunichtemachen werden, wenn die Menschen nicht Gier und Selbstsucht überwinden und wieder zu jener einfachen Regel des Lebens zurückkehren, die Jesus in der Bergpredigt darlegte; einer Regel, die wir im Prinzip der zusätzlichen Leistung aufgegriffen und zusammengefasst haben.

Am besten ist die Praxis

Dr. Jacobs glaubt, die beste Methode zur Vermittlung jeglicher Regel bestehe darin, sie anzuwenden. Deshalb hat er sich der Aufgabe verschrieben, bei der Verbreitung der Philosophie der amerikanischen Errungenschaften mitzuwirken, auch wenn dies viel von seiner Zeit und Energie beansprucht. Er glaubt, die amerikanische Jugend habe das Recht, mit denjenigen Menschen dieser Generation zu »brechen«, die für die Zukunft Schulden anhäufen, und er zeigt seine Überzeugung mit Taten, nicht mit Worten.

Die Welt, in der wir leben, ist krank, aber nicht so schlimm, dass sie nicht geheilt werden könnte, über Nacht, wenn die Menschen aufhören würden, Dinge ohne jede Gegenleistung zu erwarten, und stattdessen damit anfingen, Zusatzleistungen zu erbringen, in jener Geisteshaltung, die der größte aller Philosophen empfiehlt. Das unglückselige Volk der Franzosen hat das gemerkt, aber nicht rechtzeitig. Profitieren wir von ihrem Scheitern, nicht indem wir einander an Habgier zu übertreffen versuchen, sondern indem wir die Mahnung des Philosophen beherzigen, der sagte: »Hilf mit, das Boot deines Nächsten an Land zu ziehen, und siehe da! Schon hat dein eigenes das Ufer erreicht.«

Aus: *Greenville Piedmont,* 5. August 1941

Bereit für den Erfolg! Gesundheit, Glück und Wohlstand sind dein – wenn du weißt, was du willst

von Napoleon Hill und W. Clement Stone

Lernen Sie den wichtigsten lebenden Menschen kennen! Irgendwo in diesem Artikel könnten Sie ihm begegnen – plötzlich, überraschend und mit einem Schock der Erkenntnis, der Ihr ganzes Leben verändern wird. Wenn Sie ihn kennengelernt haben, werden Sie sein Geheimnis entdecken. Sie werden herausfinden, dass er einen unsichtbaren Talisman bei sich trägt, auf dessen einer Seite die Buchstaben PIE eingraviert sind, auf der anderen Seite die Buchstaben NIE.

Dieser unsichtbare Talisman hat zwei wunderbare Kräfte: Er hat die Fähigkeit, Reichtum, Erfolg, Glück und Gesundheit anzuziehen, und er kann diese Dinge abwehren – Sie all dessen berauben, was das Leben lebenswert macht. Es ist die erste dieser Kräfte, PIE, die es einigen Menschen ermöglicht, ganz nach oben zu steigen und dort zu bleiben. Es ist die zweite, die andere ihr Leben lang ganz unten hält. Es ist NIE, was andere vom Gipfel stürzen lässt, wenn sie ihn erreicht haben.

Vielleicht kann die Geschichte von S. B. Fuller das verdeutlichen:

»Wir sind arm – doch nicht wegen Gott.« S. B. Fuller war eines von sieben Kindern eines schwarzen Farmers in Louisiana. Mit neun Jahren lenkte er Eselskarren. Diese Familien nahmen die Armut als ihr Los an.

Der junge Fuller unterschied sich in einem Punkt von seinen Freunden: Er hatte eine bemerkenswerte Mutter. Sie pflegte ihrem Sohn von ihren Träumen zu erzählen. »Wir sollten nicht arm sein«, sagte sie. »Und sag niemals, es sei Gottes Wille, dass wir arm sind. Wir sind arm – doch nicht wegen Gott. Wir sind arm, weil Vater niemals das Verlangen nach Reichtum entwickelt hat. Keiner in unserer Familie hat jemals das Verlangen entwickelt, irgendetwas anderes zu sein.«

Niemand hatte ein *Verlangen* entwickelt, reich zu sein. Diese Vorstellung war so tief in Fullers Gedanken eingegraben, dass sie sein gesamtes Leben veränderte. Er fing an, reich sein zu *wollen.* Die schnellste Möglichkeit, an Geld zu kommen, war, so beschloss er, etwas zu verkaufen. Er entschied sich für Seife. Zwölf Jahre lang verkaufte er sie und ging damit von Tür zu Tür. Dann erfuhr er, dass die Firma, die ihn belieferte, versteigert werden sollte. Der Festpreis betrug einhundertfünfzigtausend Dollar. In zwölf Jahren hatte er fünfundzwanzigtausend Dollar gespart. Es wurde vereinbart, dass er seine fünfundzwanzigtausend Dollar hinterlegen und den Differenzbetrag innerhalb von zehn Tagen einholen sollte. Wenn er das Geld nicht aufbrächte, würde er seine Einlage verlieren.

Während seiner zwölf Jahre als Seifenhändler hatte S. B. Fuller sich den Respekt und die Bewunderung vieler Geschäftsleute erworben. Jetzt suchte er sie auf. Er erhielt auch Geld von persönlichen Freunden sowie von Kreditunternehmen und Investmentgruppen. Am Abend des zehnten Tages hatte er einhundertfünfzehntausend Dollar aufgebracht. Ihm fehlten noch zehntausend Dollar.

Die Suche nach dem Licht

»Ich hatte jede Kreditquelle erschöpft, die ich kannte«, erinnert er sich. »Es war spätabends. In der Dunkelheit meines Zimmers kniete ich mich hin und betete. Ich bat Gott, mich zu einem Menschen zu führen, der mir rechtzeitig die zehntausend Dollar geben würde. Ich sagte mir, ich würde einfach die einundsechzigste Straße entlangfahren, bis ich das erste Licht in einem Geschäftsgebäude sah. An Gott richtete ich die Bitte, dieses Licht zum Zeichen seiner Antwort zu machen.«

Es war dreiundzwanzig Uhr, als S. B. Fuller die einundsechzigste Straße in Chicago entlangfuhr. Nach etlichen Häuserblocks sah er endlich Licht im Büro eines Bauunternehmers.

Er ging hinein. Müde von der langen Arbeit saß dort ein Mann hinter seinem Schreibtisch, den Fuller flüchtig kannte. Ihm wurde klar, dass er es kühn angehen musste. »Wollen Sie tausend Dollar verdienen?«, fragte er.

Der Bauunternehmer war verblüfft. »Ja«, sagte er. »Natürlich.«

»Dann stellen Sie einen Scheck über zehntausend Dollar aus, und wenn ich Ihnen das Geld zurückgebe, bringe ich die eintausend Dollar Gewinn mit«, sagte Fuller. Er nannte dem Bauunternehmer die Namen der anderen Menschen, die ihm Geld geliehen hatten, und erklärte in allen Einzelheiten, um welches geschäftliche Vorhaben es sich handelte.

Ergründen wir das Geheimnis seines Erfolgs. Ehe er in dieser Nacht wieder heimging, hatte S. B. Fuller einen Scheck über zehntausend Dollar in der Tasche. Heute hält er Mehrheitsbeteiligungen nicht nur an diesem, sondern an sieben weiteren Unternehmen, darunter vier Kosmetikfirmen, ein Strumpfwarenhersteller, ein Beschriftungsunternehmen und eine Zeitung. Als wir ihn neulich baten, mit uns das Geheimnis seines Erfolgs zu ergründen, antwortete er mit den Worten, die seine Mutter vor so vielen Jahren gesagt hatte:

»Wir sind arm – doch nicht wegen Gott. Wir sind arm, weil Vater niemals das Verlangen nach Reichtum entwickelt hat. Keiner in unserer Familie hat jemals das Verlangen entwickelt, irgendetwas anderes zu sein.«

»Sehen Sie, ich wusste, was ich wollte«, sagte er uns, »aber ich wusste nicht, wie ich es kriegen konnte. Also las ich die

Bibel und inspirierende Bücher. Ich betete um das Wissen, wie ich meine Ziele erreichen konnte. Wenn Ihnen klar ist, was Sie wollen, sind Sie eher in der Lage, es zu erkennen, wenn Sie es sehen.«

S. B. Fuller trug den unsichtbaren Talisman bei sich, auf dessen einer Seite die Buchstaben PIE und auf dessen anderer Seite die Buchstaben NIE eingraviert sind. Er drehte die PIE-Seite nach oben, und wunderbare Dinge geschahen. Er konnte Ideen wahr werden lassen, die zuvor reine Tagträume gewesen waren.

In der heutigen Zeit und in diesem Land haben Sie immer noch das Recht zu sagen: »Dafür habe ich mich entschieden. Das will ich am meisten.« Und solange Ihr Ziel nicht gegen das Gesetz oder Gott oder die Gesellschaft verstößt, können Sie es erreichen.

Wonach Sie streben, bleibt Ihnen überlassen. Nicht jeder wäre gerne so wie S. B. Fuller verantwortlich für große Produktionskonzerne. Nicht jeder würde gern den hohen Preis dafür zahlen, ein großer Künstler zu sein. Aber ob Erfolg für Sie nun Reichtum bedeutet oder die Entdeckung eines neuen chemischen Elements, die Komposition eines Musikstücks, das Züchten einer Rose oder das Großziehen eines Kindes – der unsichtbare Talisman kann Ihnen helfen, diesen Erfolg zu erreichen.

Nehmen Sie die Geschichte von Clem Labine. In der Welt des Baseballs ist er als Pitcher bekannt, der einen der besten Würfe des Spiels beherrschte: den Henkelkrug-Wurf.

Als Kind brach Clem sich den rechten Zeigefinger. Der Bruch verheilte, aber es blieb eine Verkrümmung zwischen dem ersten und dem zweiten Fingerglied zurück. Für Clem schien sein Traum von einer Baseballkarriere damit zu Ende zu sein.

Jede Widrigkeit trägt in sich den Keim eines größeren Nutzens

»Sei dir da mal nicht so sicher«, sagte sein Trainer. »Manchmal erweisen sich vermeintliche Katastrophen als getarnte Glücksfälle. Man sagt, dass *jede Widrigkeit in sich den Keim eines größeren Nutzens trägt.*«

Clem nahm sich den Ratschlag zu Herzen. Er fand rasch heraus, dass er einen guten Wurfarm hatte und dass der gekrümmte Finger ihm gute Dienste erweisen konnte. Er gab dem Ball eine Drehbewegung, die kein anderer Pitcher seines Teams hinbekam. Ein Jahr ums andere arbeitete er daran, diese Drehung weiterzuentwickeln, bis er zu einem der wirklich herausragenden Pitcher unserer Zeit wurde.

Wie hat er das geschafft? Durch natürliche Begabung, harte Arbeit und – was noch wichtiger ist – durch eine Veränderung seiner Einstellung. Clem Labine hatte gelernt, das Gute in seiner unglücklichen Lage zu sehen. Er benutzte seinen unsichtbaren Talisman, die PIE-Seite nach oben gewandt. Er zog den Erfolg durch PIE an.

Ein Mann von fünfundzwanzig Jahren hat rund einhunderttausend Arbeitsstunden vor sich, falls er mit fünfundsechzig in Rente geht. Wie viele Ihrer Arbeitsstunden werden durch die wundersame Kraft von PIE belebt werden? Und wie vielen wird durch die betäubenden Schläge von NIE das Lebenslicht ausgeblasen?

Lernen Sie die wichtigste lebende Person kennen. Der Tag, an dem Sie PIE für sich selbst erkennen, ist der Tag, an dem Sie diesem Menschen begegnen werden! Wer das ist? Nun, die wichtigste lebende Person sind *Sie selbst*, soweit es Sie und Ihr Leben betrifft.

Schauen Sie sich an. Ist es nicht so, dass Sie einen unsichtbaren Talisman mit den eingravierten Buchstaben PIE auf der einen und NIE auf der anderen Seite haben? Der Talisman ist Ihre Seele. PIE ist die positive innere Einstellung.

Eine positive innere Einstellung setzt sich meist aus den »Plus«-Merkmalen zusammen, die repräsentiert werden von Begriffen wie Treue, Integrität, Hoffnung, Optimismus, Mut, Initiative, Großzügigkeit, Toleranz, Taktgefühl, Freundlichkeit und gesunder Menschenverstand.

NIE ist die negative innere Einstellung. Sie hat die entgegengesetzten Merkmale. Das sind mächtige Kräfte. Ihr Erfolg, Ihre Gesundheit, Ihr Glück und Ihr Wohlstand hängen davon ab, wie Sie Ihren unsichtbaren Talisman verwenden.

Denken Sie darüber nach! Denken Sie an die Menschen, die ziellos durchs Leben treiben, unzufrieden, immer im Kampf gegen dieses und jenes, aber ohne klares Ziel. Können Sie jetzt und hier sagen, was Sie vom Leben wollen? Es mag nicht einfach sein, Ihre Ziele zu bestimmen. Es kann sogar mit einer schmerzlichen Selbsterkenntnis einhergehen. Aber es lohnt alle Mühen, denn sobald Sie Ihr Ziel benennen können, dürfen Sie damit rechnen, viele Vorteile zu erzielen. Diese Vorteile ergeben sich fast automatisch.

1. Der erste große Vorteil ist, dass Ihr Unterbewusstsein nach einem universellen Gesetz zu arbeiten beginnt: »Was der Verstand sich *vorstellen* und woran er *glauben* kann, das kann er auch *erreichen.*« Weil Sie Ihre angestrebte Zielsetzung visualisieren, wird Ihr Unterbewusstsein von dieser Autosuggestion beeinflusst. Es macht sich an die Arbeit und unterstützt Sie dabei, Ihr Ziel zu erreichen.
2. Weil Sie wissen, was Sie wollen, versuchen Sie, auf den richtigen Weg zu gelangen und die richtige Richtung einzuschlagen. Sie werden aktiv und handeln.
3. Jetzt wird Arbeit zum Vergnügen. Sie sind motiviert, den Preis zu zahlen. Zeit und Geld teilen Sie sich ein. Sie lernen, denken nach und planen. Je mehr Sie über Ihre Ziele nachdenken, umso begeisterter werden Sie. Und mit Begeisterung verwandelt sich Ihr Verlangen in ein *brennendes* Verlangen.

4. Sie werden auf Chancen aufmerksam, die Ihnen helfen, das Ziel zu erreichen, wenn sie sich Ihnen im alltäglichen Erleben bieten. Da Sie wissen, was Sie wollen, steigt die Wahrscheinlichkeit, dass Sie diese Gelegenheiten erkennen.

Wenn Sie eine positive innere Einstellung haben, schrumpfen die Probleme Ihrer Welt vor Ihnen zusammen. Das zahlt sich aus in Form von Erfolg, Gesundheit, Glück, Wohlstand.

Aus: *Chicago Sunday Tribune Magazine*,
19. Juni 1960, S. 37 und 39

Mr. Carnegies Protegé sagt, er sei der Mann, der Millionen zu Millionen verholfen hat

von Ray Castle

Bescheidenheit gehört offenbar nicht zu den siebzehn Prinzipien der »Erfolgswissenschaft«, die es Dr. Napoleon Hill ermöglicht hat, ein riesiges Vermögen anzuhäufen.

Indem Dr. Hill das zugibt, ebenso wie die Tatsache, dass er sich selbst zum Millionär machte, hat er Millionen anderen dabei geholfen, ebenfalls zu Millionären zu werden.

Keine schlechte Bilanz, oder?

Nach einem Gespräch mit Dr. Nap war ich meiner ersten Million nicht viel näher gekommen.

Trotzdem ist Dr. Hill hier, um seine Erfolgsphilosophie zu verbreiten, ein Amerikaner, der behauptet, seine erste Million verdient zu haben, noch ehe er einundzwanzig war.

Gestern Abend teilte er einige Tipps mit den Mitgliedern des Sydney Vizor Club, der, wie der Name schon andeutet, eine Vereinigung von Leuten ist, die gewissermaßen die guten alten Zeiten der Ritterlichkeit heraufbeschwören.

Erst einmal: Wie ist er zu dem Namen Napoleon gekommen?

Hoffnungsvolle Eltern

Seine hoffnungsvollen Eltern benannten ihn nach einem millionenschweren Onkel, im Vertrauen darauf, dass dieses Kompliment ihm eine Erwähnung in dessen Testament einbringen würde. Er hat jedoch nur den Namen von seinem Onkel geerbt.

»Aber ich habe den Eindruck«, sagte Napoleon mit der bezeichnenden, oben bereits erwähnten Bescheidenheit, »dass ich es weiter gebracht habe als mein Onkel. Denn ich habe nicht nur selbst Geld verdient, sondern auch Millionen anderen dazu verholfen, Millionäre zu werden.«

Wie das?

Nun, es scheint, dass er als neunzehnjähriger Zeitungsschreiberling dem reichen Industriellen Andrew Carnegie begegnete, der ihn 1908 damit beauftragte, eine Philosophie auf den Grundlagen seiner eigenen Erfolgsprinzipien zur Vermögensanhäufung zu verfassen.

Carnegie trug die Kosten des jungen Hill, der während der folgenden zwanzig Jahre Leute wie Henry Ford, Theodore Roosevelt, Elbert Hubbard, Luther Burbank, Woodrow Wilson, Dr. Frank Crane und fast fünfhundert weitere große Zeitgenossen interviewte, um die Philosophie anhand ihrer eigenen Erfahrungen zu bestätigen.

Währenddessen baute der geschäftstüchtige Dr. Napoleon Hill unter Anwendung dieser Erfolgsprinzipien das Gasunternehmen seines Bruders zu einem millionenschweren Konzern aus.

Und sein achtbändiges Werk *Gesetze des Erfolgs* war ein Riesenerfolg, als es 1928 auf den Markt kam.

Seither hat Dr. Hill sechs Bücher veröffentlicht, von denen *Denke nach und werde reich* das bekannteste und weltweit erfolgreichste ist.

Für den Fall, dass dieser Titel eher lethargischen Leuten zu provokativ ist, bringt er noch eins für Faulpelze heraus: *Schlafe und werde reich*.

Das mag sich alles ulkig anhören, aber es ist die Geschichte, wie Dr. Hill einen privaten Konzern aufbaute, der einhundertzwanzigtausend Pfund jährlich abwirft.

Den »Doktor« im Namen trägt Hill durch zwei Ehrendoktortitel, die ihm in den USA verliehen wurden – für Literatur und Philosophie.

Hills Geheimnis, um stets obenauf zu bleiben: intensive körperliche Betätigung, keine Ärzte oder Medikamente, schlicht leben und schlicht essen. Und auch nicht zu viel.

Noch eine letzte Bescheidenheit des siebenundsiebzigjährigen menschlichen Dynamos: »Ich würde gegen jeden jungen Mann zu einem Wettlauf dreimal um den Block antreten. Ganz entspannt käme ich am Ziel an, während ihm die Zunge aus dem Hals hinge.«

Aus: *The Daily Telegraph*, 22. März 1960

Autor und ehemaliger Präsidentenberater spricht

von T. H. Helgeson

Mit zweiundachtzig Jahren beugt sich Dr. Napoleon Hill beim Sprechen ungeduldig vor, schaut seinem Gegenüber geradewegs in die Augen und erzählt so leidenschaftlich von seiner Arbeit wie ein Fünfundzwanzigjähriger.

Und auch wenn er diesen Lebensabschnitt als den »Nachmittag meiner Tage« bezeichnet, ist das Leben für Dr. Hill eine pulsierende und packende Angelegenheit.

Der Autor zahlreicher Bücher, darunter eines – *Denke nach und werde reich* –, das Millionen Leser auf aller Welt gefunden hat, der Berater zweier Präsidenten der Vereinigten Staaten und der Vertraute einiger der größten Männer dieses Jahrhunderts hat sein Leben auf sechzehn Wörter aufgebaut: »Was der menschliche Verstand sich vorstellen und woran er glauben kann, das kann er auch erreichen.« Das ist der Kern von Dr. Hills Philosophie; einer Philosophie, sagt er, welche die Früchte der Erfahrungen führender Männer seines Jahrhunderts repräsentiert.

Dr. Hill, selbst eine »Erfolgsstory«, wurde in einer Einraumhütte im südwestlichen Virginia geboren und besaß erst mit zwölf Jahren sein erstes eigenes Paar Schuhe.

In seiner Jugend war er Zeitungsreporter, während er an der Georgetown University in Washington Jura studierte. Im Jahre 1908 begann dann sein einzigartiges und umfassendes Abenteuer, das ihm ein Vermögen einbringen und ihn in engen Kontakt mit über fünfhundert der reichsten und produktivsten Männer der Welt bringen sollte.

Er war beauftragt worden, eine Reihe von Erfolgsgeschichten für eine Zeitschrift zu schreiben, und sein erster Termin war ein Interview mit dem Stahlmagnaten Andrew Carnegie.

Das Carnegie-Interview

Das auf drei Stunden angesetzte Interview mit Carnegie wurde auf drei Tage und Nächte ausgedehnt. Der Magnat begeisterte und verlockte den jungen Reporter mit der Idee, eine Philosophie rund um die Erfolgsprinzipien zu schaffen, die er selbst zum Aufbau seines berühmten Millionenvermögens angewandt hatte.

Am Ende dieses aufreibenden Interviews fragte Carnegie Hill, ob er bereit sei, zwanzig Jahre seines Lebens der Aufdeckung und Beschreibung jener Motivationskräfte und der ihnen zugrunde liegenden Faktoren zu widmen, die den individuellen Erfolg bestimmen. Neunundzwanzig Sekunden nach Carnegies Frage willigte Dr. Hill ein.

Später erfuhr Dr. Hill, dass Carnegie das Angebot zurückgezogen hätte, wenn er noch weitere einunddreißig Sekunden gezögert hätte.

Im Laufe der Jahre führte Hill eingehende Gespräche mit Männern wie Carnegie, Thomas A. Edison, Henry Ford, James J. Hill, Theodore Roosevelt, William Jennings Bryan, John D. Rockefeller, F. W. Woolworth, Clarence Darrow, Woodrow Wilson, Luther Burbank, Alexander Graham Bell und unzähligen anderen dynamischen Persönlichkeiten, die »es geschafft hatten«.

Während eines Sonntagsinterviews sagte Dr. Hill, die unverzichtbaren Prinzipien, die jene bekannten Persönlichkeiten gemeinsam hätten, seien »Zielstrebigkeit« und das »Mastermind-Prinzip«.

Was Dr. Hill in *Denke nach und werde reich* als »Mastermind« beschreibt, ist »die Koordination von Wissen und

Streben im Geiste der Harmonie zwischen zwei oder mehr Personen zum Zweck der Erreichung eines festgelegten Ziels«. Im Großen und Ganzen ist »Mastermind« die schlichte Anwendung angeborener menschlicher Ressourcen.

Dr. Hill war fasziniert von Edison, dem großen unermüdlichen Erfinder. Er erzählt, wie Edison während ihres Interviews ein Tagebuch des Scheiterns herzeigte, das er über diverse fehlgeschlagene Erfindungen führte und das weit über beider Horizont hinausreichte.

Edison sagte ihm: »Wissen Sie, ich musste Erfolg haben, weil mir die Dinge ausgegangen waren, die nicht funktionierten.«

Roosevelt und Wilson

Dr. Hill war Berater der Präsidenten Woodrow Wilson und Franklin Delano Roosevelt und prägte den Satz »Das Einzige, was wir zu fürchten haben, ist die Furcht selbst«, der zum Leitspruch der Roosevelt-Regierung wurde.

Auf Dr. Hills Vorschlag hin startete Roosevelt seine äußerst erfolgreichen »Kamingespräche« während des Zweiten Weltkriegs.

Dr. Hills Leben, das er selbst als »meteoritenhaft« bezeichnet, wurde auch immer wieder von ungewöhnlichen Ereignissen bestimmt.

Im Jahre 1909, als er noch ein unerfahrener Reporter war, sollte er als erster »Laie« in der Geschichte an Bord eines Flugzeugs gehen, das von den Gebrüdern Wright gebaut worden war und von Orville Wright gelenkt wurde.

Dr. Hill sagte, er sei mit einigen anderen Zeitungsleuten eingeteilt worden, über einen der geschichtsträchtigen Flüge der Wrights zu berichten. Die Brüder verhandelten über den Verkauf eines ihrer Flugzeuge an die US-Navy. Zu den Bedingungen einer vorvertraglichen Einigung gehörte, dass das Flugzeug mit einem Passagier an Bord nach Washington geflogen wurde.

Der Passagier

Dr. Hill sollte dieser Passagier sein, weil er der Leichteste der Gruppe war, sagt er. »Bei der Landung musste ich die Füße hochhalten, die unten aus dem Flugzeug heraushingen, damit sie nicht hinterhergeschleift wurden.«

Er geht davon aus, dass die Gebrüder Wright von den jüngsten Erfolgen der Luftfahrt verblüfft wären.

»Sie wollten einfach nur eine Maschine, die ein Stück weit fliegen und vielleicht zwei oder drei Passagiere befördern kann.«

Derzeit ist es Hills Interesse, das Credo seiner Philosophie in Gefängnissen zu verbreiten, und dort, zwischen den »Vergessenen und Hoffnungslosen«, sieht er seine größte Herausforderung. Er bezeichnet diese Arbeit als seinen »Predigtdienst«.

»Das Leben selbst ist eine Frage der Ausgewogenheit«, sagt er. »Jeder kann erfolgreich sein.« Und Erfolg bedeutet, »alles vom Leben bekommen zu können, was man sich wünscht, ohne die Rechte anderer zu beschneiden«.

In den letzten Jahren hat Dr. Hill sich sehr stark für eine nicht-gewinnorientierte Bildungseinrichtung mit dem Namen Napoleon Hill Foundation eingesetzt.

Durch diese Stiftung verbreiten er und seine Bündnispartner die Ideen, die Dr. Hills gesamter »Denke nach und werde reich«-Philosophie zugrunde liegen.

Meistens schreibt Hill in seinem auf dem Gipfel des Ferris Mountain in South Carolina gelegenen Haus. Sein jüngstes Buch *Grow Rich With Peace of Mind* erscheint in diesem Herbst.

Auf die Bitte, seine Erfolgsgeschichte zu beschreiben, erklärt Dr. Hill knapp, aber entschieden: »Ich habe gelernt, meinen Geist für Ideen empfänglich zu machen.«

Aus: *Dixon Evening Telegraph,*
Montag, 2. Mai 1966, S. 11

TEIL II

Die »Wissenschaft des Erfolgs« in den *Miami Daily News*, Juni und Juli 1956

von Napoleon Hill

»Dankbarkeit ist ein wunderbares Wort. Es ist wunderbar, weil es einen zutiefst spirituellen Geisteszustand beschreibt. Dankbarkeit verleiht der Persönlichkeit einen anziehenden Zauber und ist der Generalschlüssel, der die Tür zu den magischen Kräften und der Schönheit der Allumfassenden Intelligenz öffnet.«

Höflichkeit führt nach oben

Höflichkeit ist vielleicht die wichtigste Eigenschaft, die den Menschen als zivilisiertes Wesen kennzeichnet. Genau genommen ist sie das alltägliche Zeichen seiner Menschlichkeit.

Ein Tier nimmt keine Rücksicht auf seine Mitgeschöpfe. Und das galt auch für den Menschen in seiner primitiven Phase. Eins der ersten Anzeichen der heraufdämmernden Zivilisation war erreicht, als die Menschen Regeln für ihr Miteinander aufzustellen begannen.

Man kann also sagen, je höher entwickelt die Zivilisation, desto mehr Höflichkeit, Freundlichkeit und Rücksichtnahme erweisen ihre Mitglieder einander. Denken Sie beispielsweise an die verfeinerten Höflichkeitsbeweise, die in alten Kulturen wie denen der Chinesen, der Römer oder der Japaner ausgetauscht wurden. Höflichkeit ist das äußere Merkmal der Einstellung eines Menschen gegenüber anderen.

Mit ihr können Sie zeigen, dass Sie sich an das Gebot halten: »Liebe deinen Nächsten wie dich selbst.« Und mit ihr erweisen Sie den Respekt und die Wertschätzung, die Sie allen entgegenbringen, denen Sie begegnen.

Respektieren Sie sich selbst

Wichtiger noch, Sie zeigen Respekt gegenüber sich selbst. Höflichkeit ist das Ritual, mit dem Zuwendung zum Ausdruck gebracht wird. Ihre Regeln und Moden – das Verbeugen und

Knicksen und An-den-Hut-Tippen – ändern sich von Jahr zu Jahr und von Land zu Land.

Regeln ändern sich nicht

Doch die Regeln der Höflichkeit selbst verändern sich niemals. Sie sind beständig und unfehlbar.

Was hat das alles mit Ihnen und Ihren Erfolgsträumen zu tun? Durch Höflichkeit stellen Sie Ihren Grad an Zivilisiertheit und Kultur unter Beweis. Nur die am weitesten entwickelten, die zivilisiertesten und kulturvollsten Menschen haben ein Recht, sich selbst für qualifiziert zu halten, andere anzuführen.

Höflichkeit und Zuwendung – die alles andere als Kriecherei darstellen – zeigen, dass Sie Achtsamkeit und Umsicht gegenüber dem hohen Wert und der Kostbarkeit eines jeden Menschen besitzen, der Ihnen begegnet.

Das Beispiel Schwab

Andrew Carnegie wurde einmal gefragt, wie Charles M. Schwab zu seiner üppig entlohnten rechten Hand geworden sei.

»Das ist nicht einfach so passiert«, erwiderte Carnegie. »Charlie hat dafür gesorgt mit seiner grenzenlosen Fähigkeit, andere durch seine makellose Höflichkeit und sein Taktgefühl auf seine Seite zu ziehen.«

Taktgefühl und Höflichkeit sind so miteinander verflochten, dass wir sie zum nächsten Thema unserer Reihe »Wissenschaft des Erfolgs« machen werden.

Inzwischen sollten Sie – heute noch – damit beginnen, Höflichkeit zum Grundmerkmal Ihres Charakters zu machen.

Das kennzeichnet Sie als einen Menschen, der für den Erfolg bestimmt ist – und der ihn ganz sicher erzielen wird.

Taktgefühl bringt Sie ans Ziel

Taktgefühl ist die Kunst, Widerstand zu überwinden. Sie können damit Hindernisse in Sprungbretter zum Erfolg verwandeln. Takt erfordert Achtsamkeit, Urteilsfähigkeit und eigenständiges Denken, um rasche Entscheidungen zu treffen.

Mit seiner Hilfe können Sie Dinge so ansprechen, wie andere sie ausgedrückt haben wollen, und Dinge so ausführen, wie andere sie ausgeführt haben wollen.

Beachten Sie bitte: Das heißt nicht, dass Sie sagen, was andere hören möchten, oder tun, was andere von Ihnen erwarten. Das ist ein großer Unterschied.

Taktgefühl und Zielstrebigkeit sind untrennbare Zwillinge – sozusagen siamesische Zwillinge, denn das eine wird nur selten ohne das andere angetroffen.

Fast alles im Leben ist eine Frage des Gebens und Nehmens. Und Sie werden feststellen, dass Sie besser dabei wegkommen, wenn Sie Ihr Taktgefühl ausprägen als wirksamstes Verhandlungsmittel, mit dem Sie sich Ihren Weg bahnen.

Jeder kann zu einem taktvollen Menschen werden. Das ist nur eine Frage der Zurückhaltung und Diskretion. Vernunft und Logik werden über Emotionen gestellt, und man versucht, die Auswirkungen seiner Worte und Taten auf andere einzuschätzen. Taktgefühl an den Tag zu legen wird leichter, wenn Sie lernen, sich selbst die folgenden Fragen zu stellen, ehe Sie in wichtigen Situationen reden:

»Angenommen, ich wäre der andere – wie würde ich das, was zu sagen ich im Begriff bin, gerne hören wollen? Welche

Worte könnten die Botschaft besser vermitteln? Wie kann ich sie in etwas verwandeln, das der andere sich gern anhört?«

Der veränderlichste Faktor in jeder Situation ist das Gegenüber. Sie müssen seinen Charakter und seine Persönlichkeit schnell und präzise einordnen können, ehe Sie sich für Worte oder Handlungen entscheiden. Dieselbe Situation kann gänzlich andere Lösungen erfordern, je nachdem, welche Personen darin involviert sind.

Taktgefühl war zum Beispiel das einzige Werkzeug, das der verstorbene Dr. William Harper, Präsident der University of Chicago, einsetzte, um eine Million Dollar für ein neues Universitätsgebäude von einem Mann zu erbitten, dem Spenden besonders schwer zu entlocken waren.

Harper wusste, dass eine direkte Anfrage sofort abgelehnt werden würde. Also studierte er den Mann sorgfältig. Er fand heraus, dass er nicht nur viel Geld, sondern auch eine lange Liste von geschäftlichen Kontrahenten hatte, die er gerne austrickste.

»Ich möchte Ihnen gerne mitteilen«, sagte Harper dem Mann, »dass ich so frei war, Ihren Namen auf die ehrenvolle Liste der nominierten Spender für das neue Universitätsgebäude zu setzen. Morgen entscheiden die Treuhänder über die Auswahl des Spenders.«

»Wie kommen Sie darauf, dass ich diese Ehre überhaupt will?«, fragte der Mann.

Namen zu nennen hilft

»Vielleicht haben Sie recht«, sagte Harper und wandte sich zum Gehen. »Danke für Ihre Zeit. Wir haben ja auch noch vier andere Nominierte.«

Zu den vieren gehörte einer der erbittertsten Rivalen des Mannes.

Der Geschäftsmann war schockiert.

»Könnten Sie einrichten, dass ich mit den Treuhändern spreche, bevor sie abstimmen?«, wollte er wissen. Dr. Harper sagte es ihm zu.

Das Ergebnis war, dass der Mann am nächsten Tag mit einem 1-Million-Dollar-Scheck auftauchte und um die Chance bettelte, das Geld zu spenden. Die Treuhänder zu überzeugen war nicht allzu schwierig.

Sie können Taktgefühl also nutzen, um anderen ein brennendes Verlangen zu vermitteln, das Ihnen bei der Erreichung Ihres Ziels von Nutzen ist.

Helfen Sie den weniger Begünstigten

Manche glauben, es sei unmöglich, Geld zu machen – Erfolg zu erzielen –, ohne es anderen wegzunehmen. Nichts könnte weiter von der Wahrheit entfernt sein.

Die wahrhaft großen Vermögen werden von Männern aufgebaut, deren Vision und Mut sich auf die Schaffung einer besseren Dienstleistung oder eines besseren Produkts richten, und das wiederum schafft Arbeitsplätze, Investitionsgelegenheiten, Umsätze und Wohlstand für eine große Zahl von Menschen.

Dennoch ist das amerikanische Wirtschaftssystem – und dies zu Recht – auf Wettbewerb aufgebaut.

Um erfolgreich zu sein, müssen Sie lernen, sich unter Wettbewerbsbedingungen gut gegen Menschen, Unternehmen, Produkte und Dienstleistungen zu behaupten.

Sie müssen dabei dieselben hohen Verhaltensmaßstäbe anlegen wie im Sport.

Den Kameraden helfen

Denken Sie zunächst daran, dass niemand auf den Schultern eines anderen zum Erfolg aufsteigt. Ihre eigenen Verdienste und Leistungen entscheiden über Ihren Sieg oder Untergang.

Elbert Hubbard schrieb einmal: »Es steckt so viel Gutes in dem Schlechtesten von uns und so viel Schlechtes im Besten, dass es keinem von uns ansteht, schlecht über andere zu sprechen.«

»Wenn Sie über jemanden lästern, sprechen Sie es nicht aus«, sagte Hubbard. »Schreiben Sie es auf – und zwar im Sand nahe dem Meeressaum.«

Sportliches Verhalten ist eine positivere Eigenschaft als reine Passivität.

Nicht nur sollten wir uns verkneifen, einem Kameraden einen Tritt zu versetzen, wenn er am Boden liegt, sondern wir sollten ihm die Hand reichen, um ihn wieder auf die Beine zu bringen.

Egal ob Sieg oder Niederlage, Ihre Einstellung sollte dieselbe sein. Denn wer aufgibt, gewinnt niemals, und wer gewinnt, gibt niemals auf.

Wahrer Sportsgeist

In den schwierigsten Notlagen zeigt der wahre Sportsmann seinen größten Mut und Kampfgeist. Und im Überschwang des Sieges zeigt er die größte Fürsorge für jene, die er im Rennen hinter sich gelassen hat.

Das Kennzeichen einer echten Führungspersönlichkeit ist nicht so sehr ihr größerer Mut, ihre Stärke oder Intelligenz. Vielmehr äußert sich diese Qualität in der Rücksichtnahme auf jene, die von der Natur oder den Umständen weniger begünstigt sind.

Sie können anderen Ihre Fähigkeit – und Ihr Recht – zu führen beweisen, indem Sie jenes zusätzliche Maß an Sportsgeist zeigen, das ihnen ihre Arbeit ein wenig leichter und ihr Dasein ein wenig angenehmer macht.

Vergessen Sie nicht, wenn Sie anderen den Weg zum Erfolg bahnen, machen Sie ihn auch für sich selbst greifbarer.

Art Linkletter, eine Fernseh- und Radioberühmtheit, gibt dafür ein schönes Beispiel.

Hilfe, die sich auszahlt

Neben seiner Karriere in der Unterhaltungsindustrie mischt Art in zahllosen kleinen Unternehmen mit, die zu gründen er anderen mit seinen Investitionen, seiner Zeit, seinen Bemühungen, seinem Rat und seiner Ermutigung ermöglicht hat.

Infolgedessen hat er Beteiligungen an – und bezieht Gewinne aus – so unterschiedlichen Produkten und Dienstleistungen wie der Fotoentwicklung, der Herstellung von Fernsehkameras, Bleiminen, einer Bowlingbahn und einer Schlittschuhbahn.

Die Menschen, denen er dabei geholfen hat, sich in diesen Geschäftszweigen zu etablieren, wissen, dass Art eine echte Führungspersönlichkeit ist.

Durch dynamischen Sportsgeist können Sie eine ebensolche Führungspersönlichkeit werden.

Reichen Sie anderen nicht nur die Hand der Freundschaft. Machen Sie sie auch zu einer helfenden Hand.

Wahre Dankbarkeit zahlt sich aus

Viele erfolgreiche Männer und Frauen behaupten, sie hätten es »aus eigener Kraft« geschafft. Tatsache ist aber, dass niemand ohne Hilfe nach oben kommt.

Wenn Sie erst einmal Ihr oberstes Erfolgsziel festgelegt und die ersten Schritte zu seiner Erreichung unternommen haben, erhalten Sie Hilfe aus vielen unerwarteten Richtungen.

Sie sollten darauf vorbereitet sein, sich sowohl für die menschliche als auch für die göttliche Hilfe zu bedanken, die Sie erfahren.

Dankbarkeit ist ein wunderbares Wort. Es ist wunderbar, weil es einen zutiefst spirituellen Geisteszustand beschreibt. Dankbarkeit verleiht der Persönlichkeit einen anziehenden Zauber und ist der Generalschlüssel, der die Tür zu den magischen Kräften und der Schönheit der Allumfassenden Intelligenz öffnet.

Wie andere Merkmale einer angenehmen Persönlichkeit ist Dankbarkeit lediglich eine Frage der Gewohnheit. Aber sie ist auch Einstellungssache. Wenn Sie die von Ihnen geäußerte Dankbarkeit nicht wirklich empfinden, klingen Ihre Worte hohl und leer – und so unaufrichtig wie das von Ihnen vorgeschützte Gefühl.

Bedanken Sie sich täglich

Dankbarkeit und Warmherzigkeit sind eng miteinander verwandt. Indem Sie bewusst einen Sinn für Dankbarkeit entwickeln, wird Ihre Persönlichkeit vornehmer, würdevoller und anmutiger. Lassen Sie keinen Tag vergehen, ohne sich ein paar Minuten lang für erhaltene Segnungen zu bedanken. Denken Sie daran, dass Dankbarkeit eine Frage des Vergleichs ist. Vergleichen Sie Umstände und Ereignisse mit dem, was hätte sein können. Sie werden feststellen: Egal wie schlecht etwas ist, es hätte noch viel schlimmer kommen können – und Sie können dankbar sein, dass dem nicht so ist.

Drei Formulierungen sollten in Ihrem täglichen Sprachgebrauch zu den häufigsten gehören. Sie lauten »Danke«, »Ich bin dankbar« und »Ich weiß zu schätzen, dass …«

Seien Sie bedachtsam. Versuchen Sie, neue und einzigartige Wege zu finden, um Ihre Dankbarkeit zum Ausdruck zu bringen. Nicht notwendigerweise durch materielle Gaben. Zeit und Mühen sind wertvoller, und es lohnt sich auf jeden Fall, Ihre Dankbarkeit dadurch zu zeigen.

Danken Sie Ihren Nächsten

Und vergessen Sie nicht, denen zu danken, die Ihnen am nächsten stehen – Ihrer Frau oder Ihrem Mann, anderen Verwandten und denen, mit denen Sie täglich zu tun haben und die Sie möglicherweise vernachlässigen.

Sie schulden ihnen möglicherweise mehr, als Ihnen bewusst ist. Dankbarkeit gewinnt eine neue Bedeutung – neues Leben und neue Kraft –, wenn sie laut ausgesprochen wird. Ihre Familie weiß wahrscheinlich, dass Sie für ihre Zuversicht und ihr Vertrauen in Sie dankbar sind. Aber sagen Sie es ihr auch! Oft werden Sie feststellen, dass dadurch ein neuer Geist in den Haushalt einkehrt.

Gestalten Sie Ihre Dankbarkeit kreativ. Lassen Sie sie für sich arbeiten.

Haben Sie beispielsweise jemals daran gedacht, Ihrem Chef einen Zettel zu schreiben, wie gut Ihnen Ihre Arbeit gefällt und wie dankbar Sie für die Chancen sind, die sie Ihnen eröffnet? Die regelrechte Wucht einer solch kreativen Dankbarkeitsbekundung wird seine Aufmerksamkeit auf Sie lenken – und kann Ihnen sogar eine Gehaltserhöhung einbringen. Dankbarkeit ist ansteckend. Vielleicht fängt Ihr Chef sich das Virus ein und findet eine konkrete Methode, seine Dankbarkeit für die guten Dienste auszudrücken, die Sie ihm leisten.

Denken Sie daran, dass es immer etwas gibt, wofür man dankbar sein kann. Selbst dem Kunden, der einen Vertreter abweist, sollte für die Zeit gedankt werden, in der er zugehört hat. Beim nächsten Mal ist er vielleicht eher zum Kaufen bereit.

Dankbarkeit kostet nichts. Aber sie ist eine große Investition in die Zukunft.

Anderen zu helfen hilft auch Ihnen

Wir haben alle schon erfolgreiche Menschen kennengelernt, die von sich sagen, dass sie es »aus eigener Kraft geschafft« haben. Aber eigentlich gibt es niemanden, der allein aus eigener Bemühung erfolgreich wird. Wer so etwas behauptet, beweist nur, dass es auch für undankbare Menschen möglich ist, Geld zu verdienen.

Jeder, der es ganz nach oben schafft, erhält auf seinem Weg dorthin Unterstützung von anderen. Das einfache Gesetz des Fair Play verlangt, dass er dies wiedergutmacht, indem er anderen hilft.

Der Wendepunkt in meiner eigenen Laufbahn zum Beispiel erfolgte, als Andrew Carnegie mich damit beauftragte, die Wissenschaft des Erfolgs als klar umrissene Philosophie des Wissens zu gestalten – und mir dazu seine aktive Hilfestellung und Unterstützung zuteilwerden ließ. Ich hoffe, dass ich durch die Weitergabe dessen, was ich während meiner lebenslangen Forschung gelernt habe, zurückzahlen kann, was Carnegie mir durch seine Hilfe vor so vielen Jahrzehnten gegeben hat.

Sie können Ihre eigene Karriere vorantreiben, indem Sie anderen bei der Erreichung ihrer Ziele helfen. Nichts enthält mehr Wahrheit als der wunderbare Sinnspruch: »Hilf mit, das Boot deines Nächsten an Land zu ziehen, und siehe da! Schon hat dein eigenes das Ufer erreicht.«

Kein Mensch ist reicher als jemand, der die Zeit und die Energie hat, um anderen zu helfen. Beachten Sie bitte, dass ich Geld unerwähnt lasse. Wenn Sie es sich leisten können, ist es auch prima, andere damit zu unterstützen. Aber Zeit und Mühen sind noch kostbarer. Und der Gegenwert in Form von Zufriedenheit und Freude verhält sich proportional zum Aufwand.

Eine bereichernde Erfahrung

Es ist eine der bereicherndsten Erfahrungen, die Sie je erleben werden, wenn Sie auf jemanden am Gipfelpunkt des Erfolgs zeigen und sagen können: »Ich habe ihm geholfen, dorthin zu kommen.«

Ihre Mühen zugunsten eines weniger begünstigten Menschen helfen nicht nur ihm, sondern schenken auch Ihrer eigenen Seele etwas von unschätzbarem Wert – egal ob er Ihre Unterstützung anerkennt und ob er dafür dankbar ist oder nicht.

Es ist eine seltsame Tatsache, dass die menschliche Natur nach der Anstrengung strebt, sei es für uns selbst oder für andere.

Ich erinnere mich noch, wie ich in jungen Jahren endlich schuldenfrei war. All meine Verpflichtungen waren abgeleistet. Ich war zufrieden – zumindest dachte ich das.

Doch nach ein paar Monaten setzte Unruhe ein. Ich brauchte eine Weile, um zu erkennen, woran das lag. Es war der Kampfeseifer, der mir fehlte.

Das bedeutete aber nicht, dass ich mein Vermögen aufgeben und wieder bei null anfangen musste. Ich stellte fest, dass ich ebenso viel Freude daraus ziehen konnte, anderen in ihrem Kampf beizustehen, indem ich ihnen einige ihrer Verantwortlichkeiten abnahm, um ihnen den Weg zum Erfolg zu erleichtern.

Die Welt verändern

Stellen Sie sich bloß vor, wie die Welt sich ändern würde, wenn jeder von uns jemand anderen »adoptieren« und ihm durchs Leben helfen würde! Umgekehrt würden auch wir adoptiert und erhielten Hilfe.

Im Kleinen geschieht das bereits. Aber das System, wenn ich es so nennen kann, muss als Teil des menschlichen Fortschritts und der Zivilisation verbessert und ausgeweitet werden.

Am Anbeginn der Zeit erfuhr der Mensch die Antwort auf seine Frage: »Bin ich meines Bruders Hüter?«

Heute ist die Antwort zutreffender als je zuvor.

Die Anziehungskraft der Persönlichkeit

Ganz bestimmt haben Sie schon Menschen kennengelernt, zu denen Sie sich seit der ersten Begegnung unwiderstehlich hingezogen fühlten – Menschen, die Sie sofort als Freunde angenommen und denen Sie viel mehr vertraut haben als irgendwelchen Durchschnittsbekannten.

Wir alle besitzen so eine persönliche Anziehungskraft – der eine mehr, der andere weniger, aber jeder in einem gewissen Maße.

Die persönliche Anziehungskraft scheint ein biologisches Erbe zu sein, das den Grad an Emotionalität bestimmt – etwa in Form von Begeisterung, Liebe und Freude –, die wir durch unsere Worte und Taten hervorrufen und einbringen können.

Wir können die Qualität oder die Quantität dieses Erbes nicht vergrößern. Aber wir können es gestalten und lenken, damit es uns hilft, jedes gewünschte Ziel zu erreichen. Und wer das lernt, gehört vielleicht schon bald zu den Führungspersönlichkeiten, den Gestaltern, den Machern und Pionieren, die unsere Zivilisation voranbringen.

Vorsicht ist geboten

Häufig – aber nicht immer. Denn es kommt oft vor, dass unwürdige Personen diese große Macht des Einflusses auf andere besitzen. Daher empfiehlt es sich, besondere Vorsicht walten zu lassen, wenn wir mit solchen Menschen umgehen, bis wir uns ihrer Absichten und Motive sicher sein können.

Wichtig ist jedoch, dass Sie Ihre persönliche Anziehungskraft für Ihren Erfolg einsetzen.

Sie können andere damit zu einer friedlichen Kooperation veranlassen, die Sie dem Erreichen Ihrer Hauptziele näher bringt.

Persönliche Anziehungskraft zeigt sich hauptsächlich durch Stimme, Augen und Hände – kurz gesagt durch die wesentlichen Mittel, mit denen wir anderen unsere Gedanken und Ideen kommunizieren. Aber auch Ihr Auftreten und Ihre Körperhaltung spielen dabei eine Rolle.

Begeisterung ist ansteckend

Die eigentlichen Worte mögen recht bedeutungslos sein, aber der Tonfall, die Intensität und die Begeisterung, mit denen sie gesprochen werden, können viel mächtiger sein als die in ihnen enthaltene Logik und Rhetorik.

Deshalb kann jemand mit einer sehr starken persönlichen Anziehungskraft andere sogar auf seine Seite ziehen, ohne ein Wort zu sagen.

Ein herausragendes Beispiel dafür ist der Prediger Reverend Billy Graham.

Unermüdlich öffnet er die Seelen für den Herrn nur durch eine Geste, durch den Blick seiner ausdrucksvollen Augen oder durch einen melodiös vorgebrachten Satz.

Franklin Delano Roosevelt besaß dieselbe Macht über andere.

Auch Schurken verfügen darüber

Aber, und dies darf nicht unerwähnt bleiben, das gilt auch für Hitler, Mussolini und andere üble Führungsgestalten der Geschichte.

Wenn Sie sie bewusst anzuwenden versuchen, können Sie eben diese Kraft für sich arbeiten lassen. Lernen Sie, Ihre Augen, Ihre Hände und Ihre Stimme einzusetzen, um Selbstbewusstsein, spirituelle Stärke und Autorität zu vermitteln.

Bemühen Sie sich darum, den Blick anderer Menschen direkter zu erwidern, ergreifen Sie ihre Hände fest und warm, sprechen Sie in angenehmem, sicherem Tonfall mit angemessener Lautstärke und wohlabgestimmter Klangfarbe, um das Interesse Ihrer Zuhörer zu wecken.

Schalten Sie Ihre persönliche Anziehungskraft ein und schauen Sie, wie sie Ihnen helfen kann!

Die spirituelle Anschauung als Schlüssel zum Fortschritt

Nur der Teufel weist Vergebung zurück. Der Schöpfer lässt jedem Vergebung zuteilwerden, ob lebendig oder tot. Können Sie sich leisten, dahinter zurückzustehen?

Gottes Wort drängt uns immer wieder zu vergeben, die andere Wange hinzuhalten, einander zu lieben, und lehrt uns, dass die Rache des Herrn ist und Er Vergeltung übt.

Ihre Aussichten auf materiellen Erfolg im Leben hängen in hohem Maße von Ihrer spirituellen Anschauung ab.

Je positiver Sie denken, umso größer sind Ihre Erfolgsaussichten. Die Zeit für das Ausbrüten von Rachegedanken ist verschwendet.

Im Geschäftsleben gilt die Regel, gutes Geld nicht schlechtem hinterherzuwerfen. Die Mühe und die Energie, die für den Versuch »quitt zu sein« aufgebracht werden, lohnen sich ebenso wenig. Wie viel besser ist es doch, wenn wir uns konstruktiv neuen Projekten und Zielen widmen, statt Vergangenem und Verlorenem nachzuhängen!

Das Gesetz des Ausgleichs

Vergebung heißt nicht einfach nur, das Verhalten anderer zu erdulden. Sie ist positiver und aktiver. Durch Vergebung übernehmen wir einen Teil der Reue, die unsere Schuldner empfinden sollten.

Wann immer Sie jemandem vergeben, erweitern Sie den Raum, den Ihre Seele bewohnt, denn dieser Raum ist gefüllt mit der Großzügigkeit, die Sie üben. Hier gilt das universelle Gesetz des Ausgleichs mehr als irgendwo sonst, denn selbst in unseren Gebeten wagen wir nur um so viel göttliche Vergebung zu bitten, wie wir unseren Mitmenschen zuteilwerden lassen.

Vergebung ist eine spirituelle Medizin, die in zwei Richtungen wirkt, sie heilt die seelische Wunde der geschädigten Person, die sie erteilt, ebenso wie sie die Schuld vom Täter nimmt.

Vergebung ist die maßgebliche Haltung des Christentums, wie sie uns in der Bergpredigt vermittelt wird: »Selig sind die Barmherzigen ...« und »Richtet nicht, auf dass ihr nicht gerichtet werdet; denn mit welcherlei Gericht ihr richtet, werdet ihr gerichtet werden«.

Die beste ist die goldene Regel

Diese Aufforderungen gelten ebenso für unser materielles wie für unser spirituelles Leben. Die beste Geschäftsregel ist die goldene Regel.

Ein Großteil aller Kümmernisse geht schlicht auf Missverständnisse zurück. Nur wenige Menschen fügen anderen bewusst Schmerz zu. Allzu oft beharren wir auf unseren »Rechten« statt auf unseren »Pflichten«. Jeder Rückschlag, den ein anderer verursacht, lässt sich ins Positive verkehren.

Ich kann mich für die folgende Geschichte verbürgen, denn ich selbst war der geladene Redner. Lassen Sie mich Ihnen ein Beispiel geben.

Ein Vortragsredner wurde in einer Kleinstadt in Missouri von einem führenden Gemeindemitglied boykottiert, weil er den Sponsor des Vortragenden nicht leiden konnte. Als der Vortragsredner davon erfuhr, »rächte« er sich, indem er sein Honorar von mehreren Tausend Dollar in Sendezeit beim Radio investierte, sodass jeder im Ort seine Vortragsreihe kostenlos hören konnte. Diese einzigartige »Vergeltungsmethode« beeindruckte seinen Gegner so sehr, dass der ihm freudig seine Unterstützung gewährte.

Das Ergebnis war eine völlig neue konstruktive Geisteshaltung in der ganzen Stadt. Alte Animositäten wurden beigelegt. Die Idee der Zusammenarbeit und Hilfsbereitschaft breitete sich aus. Der gesamte Charakter der Kleinstadt änderte sich. Neue Projekte wurden angestoßen. Die Geschäfte florierten, und die Gemeinde erfreute sich eines nie gekannten Wohlstands.

Konkurrenz hilft allen

Ein gesunder Wettbewerb ist die Triebfeder des Geschäftslebens in unserem Land. Er regt dazu an, bei der täglichen Arbeit das Beste zu geben. Es liegt in der Natur des Menschen, dass wir ohne Konkurrenz nur zum Mittelmaß tendieren.

Vielleicht kann ich dieses Argument am besten durch eine Parabel illustrieren, die zufälligerweise wahr ist.

Norton, Virginia, war ein verschlafenes kleines Dorf der Jahrhundertwende. Die Ladenbesitzer – als Kaufleute konnte man sie kaum bezeichnen – saßen die meiste Zeit an ihren Kanonenöfen und hielten Schwätzchen mit anderen Faulenzern aus dem Dorf. Ihre Schaufenster präsentierten mehr Staub und Spinnweben als Waren, und oft mussten die Kunden warten, weil die Ladeninhaber zu beschäftigt mit ihren Brettspielen waren.

Da erschien eines Tages ein kleiner Hausierer namens Ike Kauffman mit einer Ladung Ware auf dem Rücken, die beinahe mehr wog als er selbst.

Monatelang hausierte Ike mit seinen Verkaufsgütern am Guest River und am Powell River, den Flusslauf rauf und runter, und schloss Bekanntschaft mit jedem Bewohner dieser Bergregion.

Ike weckt sie auf

Die ortsansässigen Händler nahmen ihn nicht ernst. Sie nannten ihn »die kleine Packratte« – bis eines Tages Zimmerleute damit begannen, ein zweistöckiges Geschäftsgebäude zu errichten, das dreimal größer war als der größte Laden im Dorf.

Lastwagenweise trafen die Waren ein – und Ike Kauffman bot das erlesenste Sortiment an Verbrauchsgütern, das die Leute im Wise County je gesehen hatten.

Als das Geschäft eröffnete, strömten die Kunden scharenweise herbei. So etwas hatte es in Norton noch nie gegeben. Denn als Ike seine Waren im ganzen Land verkauft hatte, hatte er auch Freundschaften geschlossen. Und eine Woche vor der Geschäftseröffnung hatte er allen Einladungen geschickt, ihn in »Nortons größtem und neustem Warenhaus« zu besuchen.

Den ortsansässigen Händlern fielen angesichts dieses attraktiven, sauberen und kunstvoll arrangierten Warenangebots fast die Augen aus dem Kopf.

Jetzt kommt Leben in die Sache

Sie kamen in Gang, machten ihre eigenen Läden sauber und fingen an, ihre Schaufenster zu dekorieren. Manche bauten neue Geschäfte und statteten sie mit neuen Produktlinien aus.

Infolgedessen erlebte Norton einen gewaltigen Geschäftsaufschwung, dessen zentrale Antriebskraft die Konkurrenz war.

Aber damit ist die Geschichte noch nicht zu Ende. In einer kalten Winternacht brannte die gesamte Geschäftsstraße einschließlich Ikes neuen Ladens bis auf die Grundmauern ab. Nur wenig früher hätte dies den Untergang des Dorfes bedeutet.

Jetzt jedoch war der Wettbewerbsgeist so stark, dass die Geschäftsleute unverzüglich neue, moderne Gebäude errichteten. Der Ort wuchs so schnell, dass er bald eine Kleinstadt und schließlich zu dem florierenden, wohlhabenden Oberzentrum wurde, das er heute ist.

Ike Kauffman ist tot und begraben und von allen vergessen, mit Ausnahme einiger Alter, die erlebt haben, wie er ein verschlafenes, abgelegenes Dorf in eine moderne Stadt verwandelte. Doch er sollte nicht vergessen werden!

Norton sollte ein Denkmal errichten zu Ehren von »Ike Kauffman, dem Mann, der uns den Wert eines soliden Wettbewerbs beibrachte«.

Auch Sie können sich einen Vorteil verschaffen, wenn Sie lernen, den Wettbewerb als Segen zu betrachten statt als Fluch.

Denken Sie daran, dass diejenigen, die Sie für Ihre Dienste bezahlen – also Ihr Arbeitgeber oder Ihre Kunden –, den Wert Ihrer Leistungen und Qualifikationen nur im Vergleich zu Ihren Mitbewerbern einschätzen können.

Selbsterkenntnis hilft beim Aufstieg

Mit einer häufigen kritischen Selbstanalyse stellen Sie sicher, dass Sie sich an die Prinzipien halten, die Sie zum Gipfel des Erfolgs führen können.

Vielleicht hilft Ihnen eine Checkliste, die Schwachpunkte zu finden, die Sie ausbremsen. Vergleichen Sie sich mit einem imaginären Erfolgsmenschen – nennen wir ihn Joe Smith – und schauen Sie, wie Sie abschneiden.

Joe hat sich ein festes Lebensziel gesetzt und einen Plan gefasst, um es innerhalb eines genau bestimmten Zeitrahmens zu erreichen. Kurz gesagt, er hat den ersten und wichtigsten Schritt zum Erfolg getan. Haben Sie das auch?

Und jedes Mal, wenn Joe eine vorübergehende Niederlage erleidet, lässt er sich nicht entmutigen, sondern sucht nach dem Ansatzpunkt des damit einhergehenden Vorteils, der sich immer finden lässt, um die Ereignisse zu den eigenen Gunsten zu wenden.

Jeden Tag lebt Joe mit Freude und Begeisterung, die seiner Arbeit etwas Spielerisches verleihen. Er verzichtet darauf, zu jammern und mit anderen von seinen Problemen zu sprechen, denn er weiß, dass Erfolg durch den bloßen Klang des Erfolgs entstehen kann.

Zusätzliche Leistung

Er erbringt fortwährend Zusatzleistung, bietet mehr als erwartet und in besserer Qualität.

Zudem weiß er, dass eine Gruppe größere Erfolge erzielen kann als der Einzelne. Er sucht aktiv nach Kooperationsbündnissen, in denen ein freier Austausch von Ideen, Talenten und Kräften mit größerer Wahrscheinlichkeit zu den gewünschten Zielen führt.

Joe kleidet sich angemessen. Er teilt sich sein Geld ein und legt einen Teil davon zuverlässig auf die hohe Kante. Auch achtet er auf seine Gesundheit und lebt maßvoll.

Vor allem bewahrt sich Joe eine stets positive innere Einstellung. Das Wort »unmöglich« kommt in seinem Sprachgebrauch nicht vor.

Er glaubt an das erste Prinzip

Joe ist überzeugt vom Wahrheitsgehalt des ersten Prinzips der Wissenschaft des Erfolgs: »Was der menschliche Verstand sich vorstellen und woran er glauben kann, das kann er auch erreichen.«

Er achtet darauf, dass bei jedem Vorgang alle Beteiligten einen Vorteil haben – es gibt keine Gewinner oder Verlierer.

Joe ist loyal. Er vermeidet es, andere herabzuwürdigen, denn entsprechende Bemerkungen sind ebenso negativ für ihn wie für jene, an die er sie richtet. Stattdessen macht er Komplimente und spricht Lob aus – aber keine Schmeicheleien –, sofern dies angebracht ist.

Sein Vorgesetzter wie auch seine Untergebenen bewundern Joe Smith, weil er rasch Entscheidungen trifft und die volle Verantwortung dafür übernimmt. Niemals schiebt er die Schuld auf andere.

Alle Menschen sind Brüder

Joe ist ein angenehmer Zeitgenosse. Er hat Humor, nimmt Rücksicht auf andere und ist zu jedermann höflich. Seine Ausdrucksweise ist immer tadellos. Er betrachtet alle Menschen als seine Brüder und Schwestern.

Stets versucht er, sich zu verbessern. Er weiß, dass gute Bücher, gute Theaterstücke, gute Kunst zu geringen Kosten in Büchereien, Museen und Repertoiretheatern zugänglich sind. Und was noch wichtiger ist, er macht häufigen Gebrauch von diesen Einrichtungen.

Joe ist verlässlich und schnell. Sein Wort gilt. Seine Kreditwürdigkeit ist gut, weil er weiß, dass zu hohe Schulden ihn wie ein Mühlstein nach unten ziehen würden, wenn er die Erfolgsleiter emporklimmt.

Wie stehen Sie im Vergleich zu Joe da?

Der Händedruck kann hilfreich sein

Ihre Stimme, Ihre Augen und Ihr Händedruck verraten anderen, was für ein Mensch Sie sind. Ihr Handschlag kann neue Bekannte davon überzeugen, dass es sich lohnt, Sie näher kennenzulernen. Jeder erfolgreiche Vertreter kennt den Wert eines guten, »ordentlichen« Händeschüttelns. Damit bringt er Wärme, Freundlichkeit, Begeisterung und Vertrauen zum Ausdruck.

Sie sollten lernen, wie Sie Ihren Händedruck einsetzen, um sich gut zu verkaufen.

Unser Ritual, einander beim Kennenlernen die Hand zu schütteln, hat eine sehr solide psychologische, soziale und spirituelle Grundlage. Wir signalisieren damit unsere Zusammengehörigkeit mit anderen, unsere Bereitschaft, sie als gleichwertig zu akzeptieren, und unseren Respekt und unsere Zuneigung allen Menschen gegenüber.

Der Höhepunkt des Rituals

Wie jede Kommunikationsform muss das Händeschütteln häufig praktiziert und ausgeübt werden, um wirksam zu sein. Manche Menschen haben einen »natürlichen« Händedruck. Aber den Händedruck kann jeder durch bewusstes Kultivieren entwickeln.

Tatsächlich ist der Handschlag der Höhepunkt – die Vollendung – des Kennenlernrituals.

Lernen Sie, wenn Sie jemandem vorgestellt werden, ein freundliches Lächeln sowohl in Ihren Augen als auch auf Ihrem Mund zu tragen, und es sind keine Worte vonnöten, um dem anderen mitzuteilen, wie sehr Sie sich freuen, seine Bekanntschaft zu machen.

Erwidern Sie seinen Händedruck fest, aber nicht heftig oder energisch. Und vermeiden Sie um jeden Preis jene Pumpbewegung beim Händeschütteln, die den Akt der Freundschaft zur Karikatur macht.

Roosevelts Lektion

Bei seinem ersten Neujahrsempfang im Weißen Haus lernte Präsident Theodore Roosevelt eine Lektion. Seine Hand wurde von übereifrigen Händepumpern so übel gequetscht, dass er sie eine Woche lang nicht mehr benutzen konnte. Zum nächsten Neujahr wandte er einen Trick an. Jedes Mal, wenn er seine Hand ausstreckte, bog er zwei Finger in die Handfläche, sodass die Händeschüttler lediglich Zeige- und Mittelfinger zerdrücken konnten.

Ein junger Anwalt, der einen Straferlass für einen Mandanten erwirken wollte, wurde einmal Woodrow Wilson vorgestellt, vom verstorbenen Senator J. Hamilton Lewis aus Illinois. In seinem Wunsch zu gefallen drückte der Rechtsanwalt Wilsons Hand so fest, dass dessen Souveränität ins Wanken geriet. Er zog seine Hand weg und sagte: »Das sollten Sie aber besser wissen!« Der junge Mann erhielt die gewünschte Begnadigung nicht.

Der Händedruck als Markenzeichen

Sie können Ihren Händedruck zum Markenzeichen machen – so wie es Franklin D. Roosevelt mit seinem Trick tat, die Hand seines Gegenübers mit beiden Händen zu umfassen, oder Harry Truman mit seiner Angewohnheit, die Arme zu überkreuzen, um zwei Personen gleichzeitig die Hand schütteln zu können.

Mrs. Eleanor Roosevelt schrieb einmal: »Lassen Sie mich einen Händedruck mit jemandem tauschen und dabei seinen Gesichtsausdruck betrachten – und ich kann Ihnen eine Menge über seinen Charakter erzählen.«

Vielleicht kommt Ihnen das Händeschütteln wie ein kleines, unbedeutendes Detail vor. Aber Sie könnten damit eines Tages nach einer Hand greifen, die Sie auf den Gipfel des Erfolgs ziehen kann.

Wer die Angst überwindet, erreicht das Ziel

Angst ist das größte Erfolgshindernis. Nur zu häufig lassen Menschen all ihre Entscheidungen und Handlungen von Angst bestimmen. Sie sehnen sich nach einer Art Rundumschutz, der mit dem gängigen Klischeebegriff der Sicherheit bezeichnet wird.

Ein wirklich erfolgreicher Mensch denkt nicht in solchen Kategorien. Seine Argumentation beruht auf Kreativität und Produktivität. Wie Präsident Eisenhower sagte: »Wenn man weiter nichts vom Leben erwartet, bietet eine Gefängniszelle ein überaus hohes Maß an Sicherheit.«

Ein erfolgreicher Mensch ist bereit, Risiken einzugehen, wenn die Logik zeigt, dass sie notwendig sind, um das gewünschte Ziel zu erreichen.

Unter Angst leiden

Wir alle leiden unter Angst. Was ist sie? Angst ist ein Gefühl, das uns am Leben erhalten soll, indem es uns vor Gefahren warnt.

Somit kann Angst ein Segen sein, wenn sie als Warnsignal dient, damit wir innehalten und eine Situation genau untersuchen, bevor wir eine Entscheidung treffen oder eine Maßnahme ergreifen.

Wir müssen die Angst beherrschen, anstatt ihr zu erlauben, uns zu beherrschen. Hat sie erst einmal ihren emotionalen

Zweck als Warnsignal erfüllt, dürfen wir nicht zulassen, dass sie unseren gesunden Menschenverstand beeinflusst, mit dem wir uns zu einer Handlung entschließen.

Franklin Delano Roosevelts berühmter Satz »Das Einzige, was wir zu fürchten haben, ist die Furcht selbst« hat heute dieselbe Gültigkeit – und wird sie auch immer haben – wie zu Zeiten der Weltwirtschaftskrise, als er ihn aussprach.

Der Weg der Vernunft

Wie können Sie Ihre Ängste überwinden? Vor allem indem Sie ihnen direkt ins Gesicht sehen und sich bewusst eingestehen: »Ich habe Angst.« Und dann fragen Sie sich: »Wovor?«

Mit dieser einen Frage fangen Sie an, die vor Ihnen liegende Situation zu analysieren. Sie sind auf dem Weg der Vernunft, der Sie um das emotionale Hindernis der Angst herumführt.

Der nächste Schritt besteht darin, jede Facette des Problems zu erwägen. Worin liegen die Risiken? Lohnt es sich, sie für den zu erwartenden Vorteil einzugehen? Welche anderen Handlungsmöglichkeiten gibt es? Welche unerwarteten Probleme könnten auftreten? Haben Sie alle nötigen Zahlen, Statistiken und Fakten parat? Was haben andere in ähnlichen Situationen getan und mit welchem Ergebnis?

Sobald Sie Ihre Untersuchung vervollständigt haben, handeln Sie – und zwar sofort! Aufschieben führt nur zu noch mehr Zweifeln und Ängsten.

Der wichtige erste Schritt

Ein bekannter Psychologe sagte einmal, dass eine Frau, die nachts allein ist und Geräusche zu hören glaubt, ihre Angst rasch in den Griff bekommen kann. Sie muss nichts weiter tun, als einen Fuß auf den Boden zu stellen. Damit hat sie den ersten Schritt eines positiven Handlungsablaufs getan, um ihre Angst zu überwinden.

Wer Erfolg haben will, muss sich auf dieselbe Weise dazu zwingen, seine Angst zu beherrschen, indem er den ersten Schritt in Richtung seines Ziels tut.

Und denken Sie daran, niemand geht den Lebensweg allein.

Eine der trostreichsten – und wahrsten – Bestätigungen finden wir in der Bibel: »Fürchte dich nicht, denn ich bin mit dir.«

Das Vertrauen auf diese Worte gibt Ihnen die spirituelle Kraft, jeder Situation zu begegnen.

Angst überwinden durch einen offenen Geist

Eine der besten Methoden, um Angst zu überwinden – jenes größte Erfolgshindernis –, ist die unverblümte Frage an sich selbst: »Wovor fürchte ich mich?«

Oft stellt sich heraus, dass wir uns von bloßen Schatten Angst einjagen lassen.

Untersuchen wir einmal die häufigsten Besorgnisse, um zu schauen, wie dieses System funktioniert.

Krankheit: Der menschliche Körper besitzt ein geniales System zur automatischen Selbstwartung und Reparatur. Warum sollte man sich Sorgen machen, dass es versagt? Es wäre besser, darüber zu staunen, wie es seinen Dienst zuverlässig versieht, und das trotz der Belastungen, die wir ihm auferlegen!

Alter: Die goldenen Jahre sind etwas, worauf man sich freuen sollte – Angst muss man davor nicht haben. Wir tauschen Jugend gegen Weisheit ein. Denken Sie daran, nichts wird uns jemals genommen, ohne dass uns dafür ein gleichwertiger oder größerer Nutzen gegeben wird.

Scheitern als Segen

Scheitern: Vorübergehendes Versagen ist ein getarnter Segen, der in sich den Keim eines gleichwertigen Nutzens trägt, wenn wir uns nur bemühen, die Ursachen zu ergründen und unser Wissen zu nutzen, um es beim nächsten Mal besser zu machen.

Tod: Machen Sie sich bewusst, dass es sich dabei um einen notwendigen Bestandteil im Gesamtplan des Universums handelt, vom Schöpfer vorgesehen, damit dem Menschen ein Weg zur höheren Ebene der Ewigkeit eröffnet wird.

Kritik: Sie sollten eigentlich selbst Ihr schärfster Kritiker sein. Warum sich dann vor der Kritik anderer fürchten? Und in einer solchen Kritik können sich auch konstruktive Vorschläge finden, die Ihnen helfen, besser zu werden.

Angst entsteht hauptsächlich aus Unwissenheit.

Blitze wurden einst gefürchtet

Die Menschen fürchteten sich vor Blitzen, bis Franklin, Edison und ein paar andere außergewöhnliche Männer, die es wagten, ihren eigenen Verstand einzusetzen, nachwiesen, dass Blitze eine Form der physikalischen Energie sind, die zum Nutzen der Menschheit eingesetzt werden kann.

Wir können Ängste leicht meistern, wenn wir nur offen sind durch das Vertrauen auf die Führung der göttlichen Intelligenz.

Wenn wir uns in der Natur umschauen, entdecken wir einen universellen Plan, der jedes lebende Geschöpf weise und wohlwollend mit Nahrung und allen anderen Existenznotwendigkeiten ausgestattet hat.

Ist dann anzunehmen, dass der Mensch – zum Herrn aller anderen Geschöpfe auf der Erde bestimmt – vernachlässigt wurde?

Schmerz ist Teil des Plans

Sogar körperlicher Schmerz, vor dem viele sich unsagbar fürchten, spielt in diesem Plan eine Rolle, denn er ist eine universelle Sprache, durch die selbst die ungebildetste Person begreift, wann Verletzung oder Krankheit sie gefährden.

Welches Recht haben wir vor diesem Hintergrund, den Schöpfer mit Gebeten zu nichtigen Angelegenheiten zu behelligen, die wir selbst klären könnten und sollten? Wie können wir es wagen, das bisschen Glauben zu verlieren, das wir besessen haben mögen, wenn solche Gebete unerhört bleiben?

Die vielleicht größte Sünde ist der Verlust des Glaubens an den allwissenden Schöpfer, der Seine Kinder mit reicheren Segnungen versehen hat, als weltliche Eltern ihren Sprösslingen jemals mit auf den Weg geben könnten.

Ihr Verstand hat geheime Kräfte

Der menschliche Verstand besitzt verborgene Kräfte, die über jedes Begriffsvermögen hinausgehen. Die Vorstellungskraft ist der Schlüssel, um sie für den Einzelnen und für die Menschheit zum Einsatz zu bringen.

Nur wenige der Abermillionen Menschen haben im Laufe der Generationen diese Tatsache erkannt und genutzt, um ihr Schicksal zu lenken.

Die Vorstellungskraft ist unser Tor zur Allumfassenden Intelligenz des Schöpfers. Es wird geöffnet durch den Geisteszustand, der als Glaube bekannt ist.

In diesem Geisteszustand werden Hoffnung und Zielsetzung in physische Realität übersetzt. Denn Tatsache ist, dass alle Gedanken die Tendenz haben, sich in ihr physisches Äquivalent zu verwandeln.

Glaube fügt unserer Vorstellungskraft die stimulierenden Kräfte des Verlangens und der Begeisterung hinzu, durch die Pläne und Ziele in Angriff genommen werden können.

Der Glaube an sich selbst

Durch Glauben an sich selbst kann jeder Mensch jedes gewünschte Ziel erreichen.

Henry Ford wurde einmal gefragt, welche Art Menschen er für sein Unternehmen in der Automobilproduktion am dringendsten brauche.

»Ich könnte einhundert Männer brauchen, die nicht wissen, dass es so ein Wort wie ›unmöglich‹ überhaupt gibt«, erwiderte er.

Und man sagt, dass Henry Fords sagenhafter Geschäftserfolg vor allem auf zwei persönliche Merkmale zurückzuführen war: (1) Er setzte sich ein festes Lebensziel und ließ dann (2) keine Grenzen gelten, die ihn daran hinderten, dieses Lebensziel auch zu erreichen.

Die Vorstellungskraft ist die Werkstatt der Seele, in der jeder sein eigenes irdisches Schicksal schmieden kann.

Wahrhaftig, was immer der Verstand sich vorstellen und woran er glauben kann, das kann er auch erreichen.

Clarence Saunders arbeitete als Angestellter in einem Lebensmittelgeschäft und entwickelte die Idee eines Selbstbedienungs-Lebensmittelhandels.

Er war davon überzeugt, dass seine Idee rentabel wäre, und bot seinem Chef an, sie gemeinsam umzusetzen. Dem Chef fehlte Saunders' Vorstellungskraft. Er feuerte ihn sofort, weil er »seine Zeit mit lächerlichen Ideen vergeudete«.

Vier Jahre später eröffnete Saunders seine bekannten Piggly-Wiggly-Läden, die ihm mehr als vier Millionen Dollar einbrachten.

Andrew Carnegie, der mich ermutigte, die »Wissenschaft des Erfolgs« zu entwickeln, pflegte zu sagen: »Du kannst alles schaffen, wenn du nur daran glaubst.«

Aber dazu braucht es auch Willenskraft. Manchmal sogar richtige Sturheit.

Ihre Vorstellungskraft

Clarence Saunders wäre vielleicht versucht gewesen, die Idee eines Lebensmittelladens im »Cafeteriastil« aufzugeben, wenn seine Willenskraft ihn nicht zum Weitermachen angetrieben hätte – obwohl ihn das seinen Arbeitsplatz gekostet hatte.

Ihre Vorstellungskraft wird Ihnen zum Erfolg verhelfen, wenn Sie ihr eine Chance geben.

Doch hat sie ihre Arbeit erst einmal getan, können nur Sie allein den Glauben und die Willenskraft aufwenden, um Ihre Träume wahr werden zu lassen.

Machen Sie nicht den Fehler, die Hülse der Angst zu essen und die reichhaltigen Kerne des Überflusses wegzuwerfen.

Fragen Sie sich jetzt: »Wovor habe ich Angst?« Die Antwort dürfte lauten: »Vor nichts.«

Vom Glück, anderen zu helfen

Der reichste Mann der ganzen Welt wohnt im Glückstal. Er ist reich an unvergänglichen Werten, an Dingen, die er nicht verlieren kann – Dinge, die ihm Zufriedenheit, eine stabile Gesundheit, inneren Frieden und seelische Harmonie schenken.

Dies ist eine Liste seiner Reichtümer, die auch verrät, wie er sie erworben hat: »Ich habe das Glück gefunden, indem ich anderen bei der Suche danach geholfen habe.

Ich habe Gesundheit gefunden, indem ich maßvoll lebe und nur das esse, was mein Körper zu seinem Fortbestand benötigt.

Ich bin frei von allen Ursachen und Auswirkungen der Angst und Sorge.

Ich hasse niemanden und beneide niemanden, sondern liebe und respektiere alle Menschen. Ich widme mich Werken der Liebe, die ich großzügig mit dem Spielerischen vermische; deshalb wird mir nie langweilig.

Ich bete täglich, nicht um mehr Reichtum, sondern um mehr Weisheit, mit der ich den Überfluss an Reichtümern, die ich bereits besitze, erkennen, wertschätzen und genießen will.

Ich rede über niemanden, außer um Gutes über ihn zu sagen, und ich schmähe niemanden, aus welchem Grund auch immer.

Geteiltes Glück

Ich bitte niemanden um Gefälligkeiten, außer um das Privileg, mein Glück mit allen zu teilen, die es wünschen.

Ich habe ein reines Gewissen, deshalb leitet es mich zielsicher bei allem, was ich tue.

Ich habe keine Feinde, weil ich niemandem schade. Vielmehr versuche ich jedem zu helfen, mit dem ich in Kontakt komme.

Ich besitze mehr materiellen Reichtum, als ich brauche, denn ich bin frei von Gier und begehre nur solche Dinge, die ich zu meinen Lebzeiten konstruktiv nutzen kann. Mein Reichtum kommt von jenen, denen ich durch das Teilen meiner Segnungen Vorteile verschafft habe.

Das Anwesen im Glückstal, das ich besitze, kann nicht besteuert werden. Es existiert hauptsächlich in meinem Kopf und besteht aus immateriellen Reichtümern, die nicht geschätzt oder beschlagnahmt werden können, außer von jenen, die meine Lebensweise annehmen. Ich habe dieses Anwesen im Laufe meines Lebens erschaffen, indem ich die Gesetze der Natur beachtet und Gewohnheiten entwickelt habe, um ihnen zu entsprechen.« Es gibt kein Patent auf das Erfolgscredo des Mannes aus dem Glückstal.

Wenn Sie es übernehmen und danach leben wollen, können Sie das Leben zu Ihren eigenen Bedingungen lohnenswert machen.

Es kann Ihnen neue und wünschenswertere Freunde verschaffen und Feinde entwaffnen.

Es kann Ihnen helfen, mehr Raum in dieser Welt für sich zu beanspruchen und mehr Freude am Leben zu gewinnen.

Es kann Reichtum bedeuten

Dieses Erfolgscredo kann Ihnen in Ihrem Beruf oder Ihrer Berufung Wohlstand verschaffen und Ihr Heim zu einem Paradies größter Freude für alle Ihre Familienangehörigen machen.

Es kann Ihrem Leben Jahre hinzufügen und Sie von Ängsten und Sorgen befreien.

Es kann Sie auf den »Erfolgsstrom« bringen und Ihnen helfen, dort zu bleiben.

Vor allem aber kann das Credo des Mannes aus dem Glückstal Ihnen die Weisheit geben, alle Ihre persönlichen Probleme zu lösen, noch ehe sie auftreten, und Ihnen Frieden und Zufriedenheit schenken.

Bedachtes Schweigen ist oft besser als Reden

Wir sind uns alle einig, dass die Fähigkeit, freimütig zu sprechen, einem Menschen zum Erfolg verhelfen kann. Männer wie Billy Graham, Franklin Roosevelt und Winston Churchill haben es bis ganz nach oben geschafft, weil sie mit ihren Reden große Massen begeistern konnten.

Aber es gibt auch Zeiten, in denen bedachtes Schweigen ebenso wichtig ist. Das Geheimnis liegt hierbei darin, ein guter Zuhörer zu sein.

Das gilt nirgends mehr als in der Verkaufsbranche.

Einer der besten Lebensversicherungsvertreter des Landes fängt niemals mit einer Präsentation an, ehe er seine potenziellen Käufer durch folgende Fragen zum Reden gebracht hat:

1. Würden Sie heute sterben, hätten Sie dann genügend Geld angespart, um Ihre Familie so abzusichern, wie Sie es sich wünschen?
2. Ist Ihr Kapital so beschaffen, dass es Ihrer Familie nicht durch Betrüger abgeluchst werden könnte?
3. Wie viele Versicherungen haben Sie?
4. Wie viele Kinder haben Sie und wie alt sind sie?

Durch den diplomatischen Umgang mit den Antworten auf diese vier Fragen weiß der versierte Vertreter, wann es an der Zeit ist, das Gespräch zu übernehmen und selbst das Wort zu ergreifen. Was noch wichtiger ist, er weiß genau, was er sagen muss, um einen Abschluss zu erzielen.

Alle guten Verkäufer nutzen diese Fragemethode, um sich mit wirkungsvollem Material für Gegenargumente zu wappnen, wenn der potenzielle Kunde Bedenken vorbringt. Im Ergebnis redet der potenzielle Käufer sich selbst oft in eine nicht zu verteidigende Position, in der sein Widerstand zum Scheitern verurteilt ist. Manchmal redet er sich sogar in den Kauf hinein.

Eine sehr erfolgreiche Verkäuferin hat eine lukrative Organisation gegründet, indem sie Menschen telefonisch als potenzielle Käufer »qualifiziert« für Immobilien, Aktien und Anleihen, Versicherungen und eine Vielzahl anderer Produkte und Dienstleistungen.

Sie fängt an mit Fragen, die für gewöhnlich nur so beantwortet werden können, wie sie sich die Antworten wünscht. Zum Beispiel fragt sie, wenn sie Aktien und Anleihen verkauft:

»Herr Geschäftsmann, sind Sie daran interessiert zu erfahren, wie Sie Geld verdienen können, ohne dafür zu arbeiten?«

Da jeder daran interessiert ist, ist die Antwort für gewöhnlich »Ja«. Ihre nächste Frage lautet:

»Wie viel Geld möchten Sie gerne verdienen, ohne dafür zu arbeiten?«

Nachdem er die Antwort gegeben hat, wird dem potenziellen Kunden gesagt, dass ein Vertreter ihn persönlich aufsuchen und ihm verraten wird, wie er diesen Betrag verdienen kann.

Diese clevere Frau hat sogar Vertreter für den Verkauf bestimmter Produkte rekrutiert, indem sie deren Ehefrauen anrief und fragte:

»Werte Hausfrau, würden Sie gerne erfahren, wie Ihr Mann sein Einkommen erhöhen kann, damit Sie ein schöneres Heim, ein neues Auto, einen Nerzmantel und Geld haben, um zu reisen, wohin Sie nur wollen?«

Die Ehefrauen waren so begeistert, dass es ein Kinderspiel war, über sie einen Termin für ein Bewerbungsgespräch mit dem Ehemann zu vereinbaren.

Sokrates, einer der größten Denker der Weltgeschichte, nutzte die Fragetechnik, um seine Ideen zu verbreiten. Auch Platon und andere Philosophen taten das.

Veranlassen Sie Ihr Gegenüber, freiheraus zu sprechen, dann wissen Sie, was Sie sagen müssen – und wie –, wenn Sie an der Reihe sind.

Wie Sie aus dem Misserfolgsstrom herauskommen

Oft wird gesagt, dass die Reichen immer reicher werden und die Armen immer ärmer. Meine eigenen Untersuchungen der Prinzipien, die einige Menschen augenblicklich erfolgreich machen und andere kläglich scheitern lassen, scheinen das zu bestätigen.

Die Bibel formuliert es so: »Denn wer da hat, dem wird gegeben, dass er die Fülle habe; wer aber nicht hat, von dem wird auch das genommen, was er hat.« (Matthäus)

Es ist also eine Tatsache, dass Besitztümer gebraucht werden sollen, nicht gehortet. Was immer wir besitzen – wir müssen es verwenden, oder wir verlieren es.

Der ewige Wandel

Seltsam ist auch die Tatsache, dass nur eines in diesem Universum dauerhaft ist – der ewige Wandel. Nichts bleibt genau so, wie es ist, nicht mal eine Sekunde lang. Selbst der Körper, in dem wir leben, verändert sich vollständig mit erstaunlicher Geschwindigkeit.

Sie können diese Behauptung an Ihren eigenen Erfahrungen überprüfen. Wenn jemand sich abmüht, um Anerkennung und ein paar zusätzliche Dollar zu erlangen, wird er nur selten jemanden finden, der ihm den nötigen Anschub gibt. Hat er es aber erst einmal geschafft – und ist nicht länger auf Hilfe angewiesen –, stehen die Leute Schlange, um ihm Unterstützung anzubieten.

Was ich als Gesetz der Anziehung bezeichne, sorgt dafür, dass gleich und gleich einander unter allen Umständen anziehen. Erfolg zieht größeren Erfolg an, Scheitern erneutes Scheitern.

Unser gesamtes Leben hindurch sind wir die Nutznießer oder die Opfer eines rasch fließenden Stroms, der uns entweder zum Erfolg oder zum Misserfolg trägt.

Die Idee ist, im »Erfolgsstrom« mitzuschwimmen statt im »Misserfolgsstrom«.

Wie das geht? Ganz einfach. Die Antwort besteht darin, eine positive innere Einstellung zu übernehmen, die Ihnen hilft, den Lauf Ihres Schicksals zu bestimmen, statt sich einfach auf Gedeih und Verderb den Widrigkeiten des Lebens auszuliefern.

Die Kraft zu denken

Ihr Verstand ist ausgestattet mit der Kraft zu denken, zu streben, zu hoffen, Ihr Leben auf jedes vorstellbare Ziel auszurichten. Das ist das Einzige, worüber wir die vollständige, uneingeschränkte Kontrolle besitzen.

Aber denken Sie daran, wir müssen dieses Privileg zu schätzen wissen – und es anwenden –, oder wir werden empfindlich bestraft.

Wahrhaftig, was immer es auch sein mag, das wir besitzen – ob materiell, mental oder spirituell –, wir müssen es verwenden, sonst verlieren wir es.

Definieren Sie zunächst klar die Position, die Sie im Leben erreichen wollen. Dann sagen Sie sich: »Ich schaffe es – und zwar jetzt.«

Zeichnen Sie die Schritte auf, die Sie gehen müssen, um Ihr Ziel zu erreichen. Gehen Sie einen nach dem anderen und Sie werden feststellen, dass mit jedem einzelnen Erfolg der nächste Schritt immer leichter wird, je mehr Menschen sich veranlasst fühlen, Ihnen bei der Erreichung Ihres Endziels behilflich zu sein.

Denken Sie daran, dass Sie nicht stillstehen dürfen. Sie müssen sich aufwärts Richtung Erfolg bewegen – oder abwärts Richtung Misserfolg.

Das liegt allein bei Ihnen.

Anderen zu dienen wird Ihnen helfen

Eine der sichersten Methoden, persönlichen Erfolg im Leben zu erzielen, besteht darin, anderen beim Erreichen des ihren zu helfen. Fast jeder kann den weniger Begünstigten Geld zukommen lassen.

Aber ein wirklich reicher Mensch kann es sich leisten, etwas von sich selbst, seiner Zeit und seiner Energie zum Wohle anderer zu verschenken. Das bereichert auch ihn über alle Maßen.

John Wanamaker, der Handelskönig von Philadelphia, sagte einmal, die profitabelste Angewohnheit sei es, »einen nützlichen Dienst zu leisten, wo er nicht erwartet wird«.

Und Edward Bok, der große Herausgeber des *Ladies' Home Journal,* sagte, er sei durch die Gewohnheit, »mich für andere nützlich zu machen, ungeachtet dessen, was ich dafür zurückbekam«, aus der Armut zum Wohlstand aufgestiegen.

Helfen macht Mühe

Es erfordert eine bewusste Bemühung, anderen Ihre Zeit und Energie zu schenken. Sie können nicht einfach sagen: »Na schön, ich bin bereit, jedem zu helfen, der meine Hilfe benötigt.« Sie müssen es zu einem kreativen Projekt machen, Ihren Mitmenschen Dienste zu erweisen.

Vielleicht geben ein paar praxisnahe Beispiele Ihnen Anregungen, wie Sie Freunde gewinnen, indem Sie anderen helfen.

So gibt es etwa einen Händler in einer Stadt an der Ostküste, der durch einen ganz einfachen Vorgang ein sehr erfolgreiches Geschäft aufgebaut hat.

Einmal in der Stunde überprüft einer seiner Angestellten die Parkuhren in der Nähe des Ladens.

Mit Pennys gewinnt man Freunde

Wenn der Angestellte sieht, dass eine Parkuhr abgelaufen ist, wirft er einen Penny in den Schlitz und hinterlässt eine Nachricht am Auto, dass der Händler sich freut, ihn vor den Unannehmlichkeiten eines Strafzettels zu bewahren. Viele Autofahrer kommen vorbei, um dem Händler zu danken – und wenn sie schon mal da sind, kaufen sie auch etwas.

Der Eigentümer eines großen Herrenbekleidungsgeschäfts in Boston steckt eine hübsch gedruckte Karte in die Tasche eines jeden Anzugs, den er verkauft. Darauf wird dem Käufer mitgeteilt, wenn er mit dem Anzug zufrieden sei, könne er nach sechs Monaten die Karte zurückbringen und sie gegen eine Krawatte seiner Wahl eintauschen.

Natürlich kommen die Käufer immer zurück und sind mit den Anzügen zufrieden – und sie sind potenzielle Kunden für einen weiteren Kauf.

Der bestbezahlten Mitarbeiterin der Bankers Trust Co. in New York gelang der Einstieg ins Unternehmen, indem sie anbot, drei Monate unbezahlt zu arbeiten, um ihre Führungsqualitäten unter Beweis zu stellen.

Und Butler Stork leistete als Häftling des Staatsgefängnisses von Ohio so viel für andere, dass er auf freien Fuß gesetzt und seine zwanzigjährige Haftstrafe wegen Urkundenfälschung aufgehoben wurde.

Stork organisierte eine Fernschule, die über tausend Häftlingen eine Vielzahl von Kursen anbot, ohne dass ihnen oder dem Staat dafür Kosten entstanden. Er veranlasste sogar die

International Correspondence School, Lehrbücher zu spenden.

Der Plan erregte so viel Aufmerksamkeit, dass Stork zur Belohnung freigelassen wurde.

Lassen Sie Ihre Fantasie spielen. Schätzen Sie Ihre eigenen Fähigkeiten und Kräfte ein. Wer braucht Ihre Hilfe? Wie können Sie helfen? Geld ist dabei nicht erforderlich. Es braucht nichts weiter als Einfallsreichtum und den ausgeprägten Wunsch, anderen wirklich von Nutzen zu sein.

Menschen bei der Lösung ihrer Probleme zu helfen wird auch Ihre eigenen lösen.

Meiden Sie Fallstricke, die Sie scheitern lassen

Wer im Leben Erfolg haben will, muss die Ursachen für Misserfolge kennen. Wie sollte man sonst Fallstricke vermeiden? Bei meinen Forschungen zu menschlichen Beziehungen habe ich mindestens dreißig wesentliche Gründe für das Scheitern entdeckt.

Aber der Urahne all dieser Gründe ist die fehlende Fähigkeit, harmonisch mit anderen Menschen zusammenzuleben.

Ein großer Geschäftsmann – einer der reichsten Männer seiner Zeit – erzählte mir einmal, er habe eine fünfstufige Messskala, mit der er Personen zur Beförderung auf hohe Führungspositionen auswähle.

1. Die Fähigkeit, gut mit anderen zurechtzukommen.
2. Loyalität gegenüber denen, die sie verdienen.
3. Absolute Zuverlässigkeit.
4. Geduld in allen Lebenslagen.
5. Die Fähigkeit, anstehende Aufgaben gut zu erfüllen.

Kompetenz an letzter Stelle

Es ist bemerkenswert, dass die berufliche Kompetenz an letzter Stelle kommt. Denn je kompetenter jemand für eine Aufgabe ist, desto dringender sollte man seine Eignung hinterfragen, wenn es ihm an den anderen vier Eigenschaften mangelt.

Der Tagelöhner Charles M. Schwab wurde von Andrew Carnegie auf eine Fünfundsiebzigtausend-Dollar-Position befördert. Zusätzlich zahlte Carnegie Schwab einen Bonus, der manchmal eine Million Dollar jährlich betrug.

Carnegie sagte, das Gehalt sei für die tatsächlichen Dienste, die Schwab leistete. Der Bonus jedoch sei für das, wozu er andere Beschäftigte anrege.

Ihre Fähigkeit, andere zu inspirieren, ist ein Blankoscheck der Bank des Lebens, auf den Sie jeden gewünschten Betrag schreiben können.

Wenn Ihnen diese Fähigkeit fehlt, können Sie jetzt Maßnahmen ergreifen, um sie sich anzueignen.

Strengen Sie sich besonders an

Wie das? Indem Sie die folgenden Regeln annehmen und befolgen:

1. Strengen Sie sich besonders an, wenigstens einmal täglich ein freundliches Wort zu sagen oder einen nützlichen Dienst zu erweisen, wo es nicht erwartet wird.
2. Achten Sie auf Ihre Stimme, damit Sie den von Ihnen Angesprochenen ein Gefühl der Wärme und Freundschaft vermitteln.
3. Sprechen Sie über Themen, die für Ihre Zuhörer von größtem Interesse sind. Sprechen Sie mit ihnen, nicht zu ihnen. Betrachten Sie denjenigen, mit dem Sie sich unterhalten, als interessanteste Person der Welt, wenigstens für den Augenblick.
4. Unterstreichen Sie Ihre Worte häufig mit einem Lächeln.
5. Verwenden Sie niemals und unter keinen Umständen Flüche oder Obszönitäten.
6. Behalten Sie Ihre religiösen und politischen Ansichten für sich.

Nehmen Sie sich vor Fragen in Acht

7. Bitten Sie niemals jemanden um einen Gefallen, dem Sie nicht selbst vor einiger Zeit geholfen haben.
8. Seien Sie ein guter Zuhörer. Veranlassen Sie andere dazu, freiheraus über Themen zu reden, die sie interessieren.
9. Sprechen Sie niemals abwertend über andere. Lästern Sie nicht. Denken Sie daran, dass eine Unze Optimismus so viel wert ist wie eine Tonne Pessimismus.
10. Beschließen Sie jeden Tag mit einem Gebet: »Ich bitte nicht um weitere Segnungen, sondern um mehr Weisheit, um die Segnungen, die ich bereits erhalten habe, besser anwenden zu können. Und bitte gib mir mehr Verständnis, damit ich einen Platz im Herzen meiner Mitmenschen finde, indem ich ihnen morgen noch besser zur Seite stehen kann, als ich es heute getan habe.«

Glaube macht stark

Ihnen steht die mächtigste Kraft des Universums zur Verfügung – Ihre Glaubensfähigkeit. Tatsächlich ist dies die einzige Kraft, über die Sie vollständig und unwiderruflich verfügen dürfen und die Sie für Zwecke Ihrer Wahl einsetzen können.

Die wirklich erfolgreichsten Menschen der Welt sind jene, die ihre Glaubensfähigkeit erkennen und einsetzen.

Sie glauben an die Macht der Allumfassenden Intelligenz. Sie glauben an ihr Recht, aus dieser Kraftquelle zu schöpfen und sie für ihre Zwecke zu nutzen. Sie wissen, dass damit alles möglich ist. Das Wort »unmöglich« existiert für sie gar nicht.

Aber die Glaubensstärke wird nicht ein- und ausgeschaltet wie elektrischer Strom. Sie muss durch tägliche Anwendung genährt und gekräftigt werden. Der folgende Beitrag beschreibt detailliert ein tägliches Credo, das Sie für sich übernehmen können, um Ihre Glaubensstärke weiterzuentwickeln.

Sich selbst zum Erfolg überreden

Doch für den Augenblick wollen wir untersuchen, wie ein Mann durch diese Kraft zu enormem Erfolg gelangte.

Edwin C. Barnes setzte sich ein scheinbar unerreichbares Lebensziel. Er beschloss, dass er der Geschäftspartner des großen Thomas A. Edison werden wollte. Und da er über keinerlei Hilfsmittel verfügte als seine Glaubensfähigkeit, begann er bei null und überredete sich im wahrsten Sinne des Wortes selbst zu einem Plan, mit dem er sein Ziel erreichen wollte.

Jeden Tag betrachtete er sein Spiegelbild und hielt eine Rede vor sich selbst. Die Rede wurde laut gesprochen. Sie war bestimmt.

Und Barnes hielt sie mit aller Begeisterung, die er aufbringen konnte.

»Mr. Edison«, sagte Barnes, »Sie werden mich als Ihren Geschäftspartner akzeptieren und ich werde Ihnen von so großem Nutzen sein, dass der Lohn mich reich macht.«

Das Gehirn sättigen

Auf diese Weise sättigte Barnes sein Gehirn im wahrsten Sinne des Wortes mit dem unerschütterlichen Glauben daran, dass er Edisons Partner werden würde.

Als er sich dem großen Erfinder vorstellte, war seine Begeisterung folglich so grenzenlos, dass Edison sich ihr nicht entziehen konnte und ihm eine Chance gab – allerdings nicht als Partner, sondern als Vertreter für das Edison-Diktiergerät.

Barnes hätte vor Enttäuschung niedergeschmettert sein können. Doch das war er nicht. Vielmehr ergriff er die Gelegenheit, die sich ihm bot.

Er lenkte seinen begeisterten Glauben an sich selbst einfach auf die ihm gestellte Aufgabe um. Dadurch wurde er als Vertreter so erfolgreich, dass Edison gezwungen war, ihm eine Partnerschaft für den landesweiten Vertrieb der Diktiergeräte anzubieten.

Ein einfaches Geheimnis

Wenig später kannte jeder den Slogan »Hergestellt von Edison, verkauft von Barnes«.

Die Partnerschaft machte Barnes zum Multimillionär. Das Geheimnis seines Erfolgs war einfach: »Zielstrebigkeit, die mit

Enthusiasmus und aus tiefster Überzeugung zum Ausdruck gebracht wird.«

In der nächsten Kolumne erfahren Sie, wie Sie diese Eigenschaften entwickeln können, um Ihr Lebensziel zu erreichen.

Der Glaube an sich selbst ist sehr lebendig

Der Erfolg gehört jenen, die von der Überzeugung durchdrungen sind, dass sie ihn erringen können. Sie sind sich einer Sache gewiss: »Was immer mein Verstand sich vorstellen und woran er glauben kann, das kann er auch erreichen!«

Bewusst entwickeln diese Leute den Glauben an sich selbst und ihre Fähigkeit, jedes Ziel zu erreichen, das sie sich setzen.

Das können Sie auch, genau wie Edwin C. Barnes es getan hat, als er seinen Geist auf ein einziges Ziel ausrichtete – zum Geschäftspartner des großen Erfinders Thomas A. Edison zu werden.

Barnes entwickelte seine enorme Glaubenskraft durch die tägliche Wiederholung eines Credos, das später in einem Buchbestseller veröffentlicht wurde.

Dieses Credo verhalf Männern und Frauen auf aller Welt zu Reichtum und einem inneren Frieden, den sie vorher nicht für möglich gehalten hätten.

Die größten Wünsche

Dieses Credo wenigstens einmal täglich zu wiederholen wird auch Ihnen helfen, Ihre größten Wünsche zu erfüllen. Es lautet folgendermaßen:

1. Ich richte meinen Geist auf Wohlstand und Erfolg aus, indem ich mich gedanklich so viel wie möglich mit dem großen Ziel beschäftige, das ich mir gesetzt habe.
2. Ich befreie meinen Geist von selbst auferlegten Beschränkungen, indem ich durch uneingeschränkten Glauben aus der Macht der Allumfassenden Intelligenz schöpfe.
3. Ich halte meinen Geist frei von Gier und Begehrlichkeiten, indem ich meine Gaben mit jenen teile, die sie zu empfangen würdig sind.
4. Ich ersetze träge Selbstzufriedenheit durch eine positive Form der Zufriedenheit, damit ich weiterhin lernen und sowohl physisch als auch spirituell wachsen kann.
5. Ich bleibe offen für alle Themen und alle Menschen, um die Intoleranz hinter mir zu lassen.

Meiden Sie Selbstmitleid

6. Ich achte auf das Gute in anderen Menschen und lerne, nachsichtig mit ihren Fehlern umzugehen.
7. Ich vermeide Selbstmitleid. Unter allen Umständen strebe ich nach Anlässen, meine Bemühen zu erweitern.
8. Ich erkenne und respektiere den Unterschied zwischen den materiellen Dingen, die ich brauche und wünsche, und meinem *Recht*, sie zu bekommen.
9. Ich gewöhne mir an, zusätzliche Leistung zu erbringen – immer mehr und bessere Dienste zu erweisen, als man von mir erwartet.
10. Ich verwandle Schwierigkeiten und Niederlagen in Chancen, indem ich mich daran erinnere, dass sie immer den Keim eines gleichwertigen Nutzens in sich tragen.
11. Ich verhalte mich anderen gegenüber immer so, dass ich mich niemals schämen muss, meinem Spiegelbild morgens in die Augen zu sehen.

12. Und schließlich bete ich täglich um die Weisheit der Erkenntnis und um ein Leben im Einklang mit den allumfassenden Zielen des Schöpfers.

Durch die tägliche Wiederholung durchdringt dieses Credo Ihr Unterbewusstsein und wird zu einem Teil Ihres Charakters. Sie werden dadurch Eigenschaften ausprägen, die Ihnen zu einer angenehmen Persönlichkeit verhelfen – unserem nächsten Thema.

Es hängt viel von der Persönlichkeit ab

Jede materielle oder spirituelle Gabe, die Sie brauchen oder wollen, gehört Ihnen – wenn Sie lernen, in Harmonie mit Ihren Mitmenschen zu leben!

Eine angenehme Persönlichkeit ist der größte Vorzug, den Sie besitzen können. Sie ist der Schlüssel zur Freundschaft anderer.

Viele Menschen glauben, man müsse mit einer angenehmen Persönlichkeit geboren worden sein. Entweder hat man sie, oder man hat sie nicht, sagen sie. Doch das stimmt nicht. Eine angenehme Persönlichkeit kann man entwickeln, durch bewusstes Bestreben, sich diejenigen Charaktereigenschaften und guten Manieren sowie die Rücksichtnahme auf andere anzueignen, die uns spirituell anziehend für andere machen.

Wir werden diese Eigenschaften in künftigen Beiträgen noch eingehender untersuchen. Doch zunächst könnte es für Sie von Vorteil sein, Ihre eigene gegenwärtige Persönlichkeit einzuschätzen – um herauszufinden, ob Sie jemand sind, mit dem Sie selbst gerne täglich Umgang hätten.

Den Maßstab anlegen

Die vielleicht beste Methode dafür ist es, einen Maßstab an sich anzulegen, der auf jenen Persönlichkeitsmerkmalen beruht, die wir alle für die unangenehmsten halten. Ich habe siebzehn davon hier aufgeführt. Es wäre gut, wenn die Person, die Sie am besten kennt, diese Punkte bei Ihnen überprüft:

1. Achten Sie darauf, dass Gespräche immer beidseitig sind, dass der andere genügend Gelegenheiten zum Sprechen bekommt, dass Sie die Unterhaltung nicht an sich reißen und keine Monologe führen?
2. Legen Sie im Gespräch einen Schwerpunkt auf sich selbst und Ihre persönlichen Interessen?
3. Erweisen Sie sich durch Worte oder Taten als selbstsüchtiger Mensch?
4. Ergehen Sie sich in sarkastischen und herabwürdigenden Bemerkungen über andere?
5. Neigen Sie zu Übertreibungen und einer ungezügelten Fantasie?

Nur Taten zählen

6. Sind Sie eitel? Sind Sie des tatsächlichen oder impliziten Eigenlobs schuldig und vergessen Sie dabei, dass Taten – nicht Worte – die wahren Instrumente der persönlichen Weiterentwicklung sind?
7. Sind Sie gleichgültig gegenüber anderen und deren persönlichen Interessen? Denken Sie daran, der wichtigste lebende Mensch in diesem Augenblick ist derjenige, mit dem Sie gerade sprechen – immer.
8. Versuchen Sie die Tugenden und Fähigkeiten anderer kleinzureden?
9. Verwenden Sie plumpe Schmeicheleien?
10. Reden Sie über die Köpfe anderer hinweg, um einen versnobten Eindruck von Überlegenheit zu vermitteln?
11. Verfallen Sie in Unaufrichtigkeit (möglicherweise in Formen der Schmeichelei), um zu gefallen?

Billiger Klatsch

12. Ergehen Sie sich in billigem Klatsch oder anderen Formen der Verleumdung?
13. Erlauben Sie sich Nachlässigkeiten bei Ihrer Kleidung, Ihrer Körperhaltung oder Ihrer Sprechweise? Fluchen Sie, äußern Sie Obszönitäten oder lassen Sie Gossensprache die Kraft Ihrer Argumente schmälern?
14. Versuchen Sie, unnötig die Aufmerksamkeit auf sich zu lenken, besonders sobald jemand anders im Mittelpunkt steht?
15. Betreten Sie ohne Notwendigkeit gefährliches Gesprächsterrain, indem Sie kontroverse Themen wie ethnische Abstammung, Religion und Politik anschneiden, wenn diese Themen offensichtlich unangemessen sind?
16. Suchen Sie nach Streit nur um des Streitens willen?
17. Langweilen und deprimieren Sie Ihre Zuhörer, indem Sie ständig über Ihre Krankheiten, Missgeschicke und persönlichen Abneigungen lamentieren?

Indem Sie Ihre Schwächen auf dieser Liste ehrlich eingestehen – und sich vornehmen, sie zu korrigieren –, machen Sie einen großen Schritt in Richtung einer angenehmen Persönlichkeit. Sie sind dann bereit für die zukünftigen Beiträge, die Ihnen positive Methoden beibringen, um Freunde zu gewinnen, die Ihnen bei der Zielerreichung helfen können.

So entwickeln Sie die »flexible Methode«

Der durchschnittliche Mensch will gemocht werden. Er wünscht sich die Anerkennung und Freundschaft anderer. Mehr noch, er weiß: Kann er seine Verbündeten nicht zu einer engen, freundschaftlichen Zusammenarbeit bewegen, wird es schwierig für ihn, im Leben erfolgreich zu sein.

Die wesentlichste Eigenschaft einer angenehmen Persönlichkeit ist die Flexibilität.

Sie entsteht aus geistiger und körperlicher Beweglichkeit und der Fähigkeit, sich an alle Gegebenheiten oder Umgebungen anzupassen und dabei Selbstkontrolle und Gelassenheit zu bewahren.

Dabei geht es aber nicht darum, sich zu verbiegen. Sie müssen sich nicht zum Spielball der Launen anderer machen, um Flexibilität zu beweisen. Nur wenige Menschen mögen Jasager.

Den Überblick bewahren

Flexibilität lässt sich vielleicht am ehesten beschreiben als die Fähigkeit, den Überblick zu bewahren, Situationen rasch einzuschätzen und auf der Grundlage von Logik und Vernunft mit einem Minimum an Emotionalität darauf zu reagieren.

Indem Sie Flexibilität entwickeln, sind Sie darauf vorbereitet, in schwierigen Situationen rasch zu handeln – oder Probleme zu lösen. Das kann Ihnen zu Entschlussfreudigkeit verhelfen.

Der enorme Erfolg von Henry J. Kaiser in den verschiedensten Unternehmensbereichen ist zum großen Teil zurückzuführen auf seine flexible geistige Einstellung, die es ihm ermöglicht, einem endlosen Strom von Schwierigkeiten zu begegnen, ohne davon aus dem Gleichgewicht geworfen zu werden.

Flexibilität half auch Arthur Nash, dem Inhaber eines Bekleidungsversandhauses in Cincinnati, sich rasch an die Situation anzupassen, als sein Unternehmen insolvent wurde. Er schloss eine Partnerschaft mit all seinen Angestellten auf der Basis geteilter Gewinne plus Gehälter – und strukturierte die Firma um zu einer der profitabelsten ihrer Art.

Manchmal kann die Flexibilität anderer Ihnen helfen. Henry Ford war zum Beispiel eher brüsk und hatte wenig Geduld mit Angestellten und Geschäftspartnern. Unter dem Einfluss der flexiblen Diplomatie seiner Frau Clara übte er häufig mehr Nachsicht und ersparte sich dadurch viele Schwierigkeiten.

Vier Eigenschaften

Der Leiter der großen Bank of America an der Westküste sagte einmal: »Wenn wir Leute einstellen, beurteilen wir sie anhand von vier Eigenschaften – Loyalität, Zuverlässigkeit, Flexibilität und Fachkompetenz.«

Humor ist ein wichtiges Element in Verbindung mit Flexibilität. Abraham Lincoln musste sich oft auf seine angeborene Heiterkeit verlassen, um seine launenhaften Kabinettsmitglieder in Krisensituationen bei der Stange zu halten. Bescheidenheit – die unterschieden sein will von der Demut des Uria – ist ebenfalls notwendig. Wie sonst könnten Sie jemals das notwendige hohe Maß an Flexibilität erreichen, um einzugestehen: »Ich habe mich geirrt« – wie es jeder irgendwann tun muss?

Weil es dem Präsidenten Woodrow Wilson an solcher Flexibilität fehlte, verweigerte der Senat ihm die Zustimmung zum Völkerbund-Projekt, das für ihn so bedeutsam war – und brach ihm damit das Herz. Hätte er seinen Stolz besiegt und den verstorbenen Senator Lodge – den Hauptgegner des Bundes – zu einer Konferenz ins Weiße Haus eingeladen, wäre der Senat womöglich einverstanden gewesen.

Flexibilität ist jene Eigenschaft, die Armut lindert und Reichtum schmückt, denn sie ermöglicht Ihnen, dankbar für erhaltene Segnungen zu sein und Missgeschicken unerschrocken zu begegnen. Sie kann Ihnen ebenfalls helfen, jede Erfahrung zu Ihrem Vorteil zu nutzen, sei sie angenehm oder unangenehm.

Mit Begeisterung zum Ziel

Ralph Waldo Emerson sagte einmal: »Nichts Großes kann jemals ohne Begeisterung erreicht werden.« Und auch nach häufiger Wiederholung hat die alte Weisheit, dass »nichts so ansteckend ist wie Begeisterung«, kein bisschen Wahrheit eingebüßt.

Begeisterung ist die »Funkwelle«, mit deren Hilfe Ihre Persönlichkeit andere Menschen erreicht. Sie ist stärker als Logik, Vernunft oder Rhetorik, wenn es darum geht, Ihre Vorstellungen zu vermitteln und andere von Ihrem Standpunkt zu überzeugen.

Ein hoch erfolgreicher Verkaufsmanager sagt, dass Begeisterung die wichtigste Eigenschaft eines guten Vertreters sei – vorausgesetzt, sie ist fest verankert und ehrlich.

»Geben Sie Ihrem Händedruck etwas Spezielles mit, das Ihr Gegenüber spüren lässt, wie aufrichtig glücklich Sie sind, ihm zu begegnen«, sagt er.

Hüten Sie sich vor künstlicher Begeisterung

Ein Wort der Vorsicht ist angebracht. Nichts ist so verlogen wie falsche Begeisterung – diese übertrieben energiegeladene, überzogene Art, die einfach nicht echt sein kann.

Ein Beispiel dafür, wie Ihre Begeisterung Sie auf den Gipfel des Erfolgs bringen kann, bietet die Karriere von Jennings Randolph.

Nachdem er das Salem College in West Virginia abgeschlossen hatte, ging Randolph in die Politik und führte einen so starken Wahlkampf, dass er sich gegen einen älteren und erfahreneren Gegenkandidaten mit einem erdrutschartigen Sieg durchsetzte.

Weil er so erfolgreich Einfluss auf seine Amtskollegen nehmen konnte, wählte Präsident Franklin D. Roosevelt ihn aus, um eine spezielle Kriegsgesetzgebung durchzubringen.

Bei einer privaten Beliebtheitsumfrage, die eine professionelle Gruppe in Washington durchführte, wurden Roosevelt und Randolph einhellig zu den charmantesten Persönlichkeiten im Regierungsdienst ihrer Zeit gewählt – doch Randolph lag noch vor dem Präsidenten, und das hing mit seiner Gabe zusammen, andere mit seinem grenzenlosen Enthusiasmus anzustecken.

Nach vierzehn Jahren im Kongress nahm Randolph eins der vielen Angebote an, die er aus der Privatindustrie erhalten hatte.

Er wurde zum Assistenten des Präsidenten von Capital Airlines, während das Unternehmen in den roten Zahlen steckte, und innerhalb von zwei Jahren hatte er mit beispielloser Energie mitgeholfen, es zum umsatzstärksten Unternehmen im Passagierflugsektor zu machen.

Vor Kurzem sagte der Präsident von Capital Airlines über Randolphs einnehmendes Wesen: »Er hat sein Gehalt mehr als verdient, nicht nur aufgrund der tatsächlichen Arbeit, die er leistet – sondern mehr noch für die Begeisterung, die er bei den anderen Beschäftigten der Firma weckt.«

Niemand wird »begeistert geboren«. Es ist eine erworbene Eigenschaft. Auch Sie können sie sich aneignen.

»Verkaufen« Sie sich zuerst selbst

Bedenken Sie, dass Sie in gewisser Weise fast immer etwas zu verkaufen versuchen, wenn Sie mit anderen in Kontakt treten. Das gilt für alle außer die völlig oberflächlichen Beziehungen. Überzeugen Sie sich zunächst vom Wert Ihrer Idee, Ihres Produkts, Ihrer Dienstleistung – oder Ihrer selbst.

Unterziehen Sie diese – oder sich selbst – einer kritischen Prüfung. Erkennen Sie die Schwächen dessen, was immer Sie zu verkaufen versuchen – und tilgen oder korrigieren Sie sie. Seien Sie zutiefst überzeugt von der »Richtigkeit« Ihres Produkts oder Ihrer Idee.

Ausgerüstet mit dieser Überzeugung pflegen Sie nun die Gewohnheit, positiv, stark, energiegeladen zu denken, und Sie werden merken, wie die Begeisterung sich von allein entwickelt – mit dem zuverlässigen Klang der Aufrichtigkeit, der Ihnen dabei hilft, andere ins Boot zu holen.

Im nächsten Beitrag erfahren Sie, wie Sie Ihre Stimme einsetzen können, um Erfolg zu erzielen.

Die Stimme als Schlüssel zur überzeugenden Persönlichkeit

Als der große Prediger Sam Jones nach seinem Geheimnis gefragt wurde, wie er die Massen mit seinen Predigten bewegte, erwiderte er: »Es ist nicht so sehr das, was ich sage, sondern eher die Art, wie ich es sage.« Ihre Stimme und Sprechweise können Ihnen zum Erfolg verhelfen.

Die erfolgreichsten Verkäufer, Politiker, Anwälte, Geistlichen und Lehrer sind diejenigen, die die Kunst beherrschen, ihrer Stimme ein gewisses Etwas zu geben, das ihre eigene Persönlichkeit und die Begeisterung für ihre Fachgebiete vermittelt.

William Jennings Bryan, der fünfundvierzig Minuten am Mormonentabernakel in Salt Lake City sprechen sollte, hielt seine Zuhörer zwei Stunden und fünfzehn Minuten lang in seinem Bann – und ihr Applaus verlangte nach mehr!

»Ich bezweifle, dass auch nur ein Dutzend Personen Ihnen am nächsten Tag den Inhalt der Rede hätten wiedergeben können«, sagte das mormonische Kirchenoberhaupt. »Es war allein die Stimme, von der die Massen gefesselt und fasziniert waren.«

Ein großartiges Instrument

Die menschliche Stimme ist ein großartiges Instrument, mit dem ein geschulter Redner seinen Worten viel mehr Nachdruck und emotionale Aussagekraft verleihen kann, als in ihrer eigentlichen Bedeutung enthalten sind. Bei bestmöglicher

Nutzung kann die Stimme eine ebenso starke Wirkung haben wie wundervoll gespielte Musik.

Mit etwas Übung ist es jedem möglich, einen starken, positiven Tonfall zu erzielen. Und an den meisten Volkshochschulen werden zu niedrigen Gebühren Redeseminare für Erwachsene angeboten, bei denen man nötigenfalls professionelle Unterstützung bekommt.

Bedauernswerterweise wissen nur wenige Menschen tatsächlich, wie ihre Stimme sich für andere anhört. Die Nähe zwischen Ohren und Sprechorganen verzerrt den Klang. Deshalb lohnt es sich, Bandaufnahmen von Ihrer eigenen Stimme zu machen und sie sich anzuhören. Und es ist auch hilfreich, Ihren engsten Freund um konstruktive Kritik zu Ihrem Stimmklang, der Lautstärke und der vermittelten Aufrichtigkeit und Begeisterung zu bitten.

Stimme, nicht Sprache

Denken Sie daran, dass wir von der Stimme reden – nicht von der Sprache. Das ist ein Thema, zu dem man ganze Bücher schreiben könnte, aber wir werden es in einem späteren Beitrag behandeln.

Üben Sie, Ihre Vorstellungen klar und selbstbewusst auszudrücken. Gehen Sie dabei aus sich heraus. Stellen Sie sich vor den Spiegel und halten Sie eine Rede vor sich selbst. Legen Sie Dramatik, Spannung, Begeisterung in Ihre Stimme, wenn Sie den Kindern eine Gutenachtgeschichte vorlesen – und sie werden Ihnen mit neu erwachtem Interesse lauschen!

Die Stimme ist genau wie die Augen ein »Fenster zur Seele«. Sie ist einer der Maßstäbe, nach dem Sie von anderen beurteilt werden. Umgekehrt können auch Sie lernen, andere anhand ihrer Stimmen einzuschätzen.

Fast jeder erfahrene Strafverteidiger kann einen lügenden Zeugen an seinem zögerlichen, schwachen Tonfall erkennen.

Ein Orkan unkontrollierter Worte entschlüpft dem Großmaul und Prahler. Der geübte Arzt erkennt den Hypochonder an seinem klagenden Betteln um Mitleid. Machen Sie die Sache zu einem Spiel, und bald erfahren Sie anhand von Stimmen weit mehr über andere, als diese überhaupt preisgeben wollen.

Denken Sie daran, dass Menschen, denen Sie auf Ihrem Weg zum Erfolg begegnen, sich anhand Ihrer Stimme und Ihres Erscheinungsbildes einen ersten Eindruck von Ihnen machen. Das Letztere werden wir in der nächsten Kolumne behandeln.

Ein gepflegtes Äußeres zahlt sich aus

Nichts wirkt so einnehmend wie Erfolg – und Erfolg wird im Allgemeinen von dem angezogen, der erfolgreich aussieht und handelt. In meiner lebenslangen Studie der Faktoren, die manche enorm reich und berühmt machen, während andere kläglich scheitern, habe ich keine größere Wahrheit gefunden als diese: »Erfolg braucht keine Entschuldigung, Scheitern lässt keine Ausflüchte zu.« Ob zu Recht oder zu Unrecht: Es liegt nun mal in der Natur des Menschen, dass der erste Eindruck im Allgemeinen der prägende ist. Mehr noch, der erste Eindruck ist womöglich der einzige, den wir überhaupt hinterlassen können. Deshalb muss er positiv ausfallen!

Selbstkritik muss sein

Jeder Leser dieser Kolumne ist vertraut mit den gängigen Regeln der persönlichen Reinlichkeit. Doch der Kampf um den Erfolg erfordert ein viel höheres und selbstkritischeres Maß an Körperpflege, bei dem besonders auf jene Details Wert gelegt wird, die sonst gerne vernachlässigt werden. Halten Ihre Fingernägel beispielsweise einer gründlichen Inspektion stand? Eine Maniküre durch Ihre Frau oder Ihre Schwester kostet nichts. Sieht Ihr Nacken aus, als wäre demnächst ein Friseurbesuch fällig? Eine kurze Behandlung mit dem Rasierapparat sorgt für Ordnung.

Jeder kann seine Schuhe putzen oder seine Hemden bügeln, um sich ohne finanziellen Aufwand zu einem gepflegten Auftreten zu verhelfen.

Aber denken Sie daran, dass Sie keine bessere Investition in Ihren Erfolg vornehmen können als durch den Kauf von guten Kleidungsstücken, Accessoires und Herrenartikeln. Das heißt natürlich nicht, dass Sie Ihr gesamtes Hab und Gut im Kaufrausch verprassen sollen. Wenn Sie auf Preisreduktionen achten, können Sie echte Schnäppchen finden. Und Frauen können ihren Kleiderschrank natürlich ganz wunderbar füllen, indem sie einen der zahlreichen kostenlosen Nähkurse besuchen, die von der YWCA, den Volkshochschulen und verschiedenen Freizeitgruppen angeboten werden.

Tragen Sie Sonntagsstaat

Denjenigen, die es sich leisten können, empfehle ich, sich einen vollständigen Satz »Sonntagskleidung« in Form eines außerordentlich gut geschnittenen Anzugs oder eines elegant geschnittenen Kleids für den »ersten Eindruck« zuzulegen.

Auch hier gilt wieder: Ob es nun richtig oder falsch ist, Sie werden feststellen, dass die Menschen sich viel Mühe geben, jemandem zu helfen, der wohlhabend aussieht, aber vor denen zurückschrecken, die bedürftig wirken. Mag dies auch eine menschliche Schwäche sein, so muss sie doch berücksichtigt werden.

Es gibt einen weiteren, vielleicht sogar noch wichtigeren Grund, warum Sie jederzeit vom Scheitel bis zur Sohle perfekt gepflegt sein sollten, wenn Sie sich in der Öffentlichkeit bewegen.

Gepflegt sein verleiht Ihnen seelische Stabilität und stärkt Ihr Selbstvertrauen. Noch größer wird Ihr Selbstbewusstsein, wenn Sie daran gewöhnt sind, gut gekleidet zu sein. Nichts ist entlarvender als ein sich unwohl fühlender Mann, der sich durch das Fummeln an einem ungewohnten Manschettenknopf verrät oder den Finger unter einen nicht vertrauten Hemdkragen schiebt.

Der nützliche Trick der Frauen

Viele Männer könnten auch einen Trick anwenden, den Frauen nutzen, um sich etwas Gutes zu tun, indem sie sich einen neuen – und vermutlich nicht notwendigen – Hut kaufen. Egal, was Sie brauchen, um Ihrer inneren Einstellung Schwung zu verleihen – beschaffen Sie es sich! Ein neuer Hut, eine Krawatte oder ein Paar Schuhe können Wunder bewirken.

Es gibt auch Kleidungstricks, mit denen man andere beeindrucken kann. Eine neue Bekanntschaft erinnert sich vielleicht nicht an Ihren Namen – aber den Mann mit der weißen Nelke im Knopfloch oder dem riesigen Fingerring wird sie sich einprägen.

George S. May, ein Unternehmensberater und Golfsponsor aus Chicago, trägt extravagant geschneiderte Sporthemden als persönliches Markenzeichen, die ihm zu außerordentlichem Ruhm und Reichtum verholfen haben.

Lernen Sie also, sich für die jeweilige Gelegenheit passend zu kleiden, und Sie haben einen großen Schritt in Richtung Ihres persönlichen Erfolgs getan.

Führungspersönlichkeiten entscheiden sich schnell

Der Erfolg kommt schneller zu denen, die andere führen und anleiten können. Entgegen der allgemeinen Annahme werden Führungskräfte gemacht, nicht geboren. Aber sie machen sich aus eigener Kraft dazu.

Auch Sie können zur Führungspersönlichkeit werden – jeder kann das. Aber nur Sie selbst können es in die Wege leiten.

Die herausragendste Führungsqualität ist die Bereitschaft, Entscheidungen zu treffen.

Wer keine Entscheidungen treffen kann oder will – obwohl ihm als Grundlage dafür ausreichende Fakten vorliegen –, der kann andere niemals führen.

Sie können üben, sich rasch und mit möglichst wenig verdrießlicher Grübelei zu entscheiden. Das ist eine Sache der Gewohnheit. Sie können die gute Gewohnheit entwickeln, sich jetzt sofort zu einer Handlung zu entschließen, oder Sie können die schlechte Gewohnheit der Prokrastination entwickeln.

Lernen Sie zunächst, zwischen großen und kleinen Entscheidungen zu differenzieren – denjenigen mit äußerst gewichtigen Risiken oder Konsequenzen und jenen, deren Ergebnisse weniger große Auswirkungen haben.

Treffen Sie kleine Entscheidungen so rasch wie möglich. Für die großen nehmen Sie sich mehr Zeit, damit Ihnen auch wirklich alle Fakten vorliegen und Sie sie sorgfältig aus logischer Perspektive erwogen haben. Aber setzen Sie sich einen festen Zeitrahmen – und treffen Sie Ihre Entscheidung, sobald er ausgeschöpft ist.

Und wenn Sie sich einmal entschieden haben, schauen Sie niemals zurück, um sich zu fragen – oder Reue darüber zu empfinden –, was hätte sein können, wenn Sie einen anderen Weg gewählt hätten. Solche Überlegungen sind sinnlos. Sie lenken nur ab von den neuen Entschlüssen, die Ihnen unweigerlich bevorstehen.

Indem Sie die Bereitschaft oder gar das Streben danach zeigen, Entscheidungen zu treffen, demonstrieren Sie anderen Ihre Bereitschaft, Verantwortung zu übernehmen. Das bringt Ihnen Respekt ein, insbesondere den von Vorgesetzten. Es gibt so viele Menschen, die alles immer nur auf andere abwälzen und daher angenehm überrascht sein werden, jemanden gefunden zu haben, der gerne Verantwortung auf sich nimmt, indem er Entscheidungen trifft. Damit heben Sie sich sofort aus der Masse heraus, die davor zurückschreckt.

Wenn Sie bewusst versuchen, Ihre Entscheidungsdauer zu verkürzen, entwickeln Sie mehr Initiative, ein besseres Urteilsvermögen, eine flexiblere Geisteshaltung und mehr Offenheit.

Kurz gesagt, nehmen Sie in Bezug auf Entscheidungen eine aggressive Haltung ein. Suchen und treffen Sie sie! Wie Sie feststellen werden, können Sie häufig verhindern, dass sich kleine Probleme zu großen auswachsen.

Wenn es eine Entscheidung zu treffen gibt, lassen Sie sie nicht einfach liegen in der Hoffnung, dass sie sich von selbst erledigt.

Das tut sie ganz bestimmt nicht.

Fortschritt braucht einen offenen Geist

Ein offener Geist ist ein freier Geist. Wer sich neuen Ideen, Konzepten und Menschen verschließt, der sperrt seine eigene Wesensart in den Kerker.

Intoleranz ist eine zweischneidige Sense, die beim Zurückschwingen Chancen und Gesprächsfäden durchtrennt.

Wenn Sie Ihren Geist öffnen, geben Sie Ihrer Vorstellungskraft die Freiheit, für Sie zu handeln. Sie entwickeln eine Vision.

Es ist schwer, sich auszumalen, dass die Flugversuche der Gebrüder Wright vor weniger als sechzig Jahren noch verlacht wurden. Und es ist kaum dreißig Jahre her, dass Lindbergh nur mühsam Unterstützer für seinen Transatlantikflug finden konnte.

Jetzt werden die Spötter verlacht

Heute sagen Visionäre voraus, dass der Mensch bald zum Mond fliegen wird – aber niemand lacht darüber. Es sind die Spötter, die sich zum Gespött machen.

Engstirnigkeit ist ein Anzeichen für eine statische Persönlichkeit. Sie lässt den Fortschritt an sich vorüberziehen und kann daher niemals die Chancen nutzen, die er bietet.

Nur mit Aufgeschlossenheit können Sie die erste Regel der Erfolgswissenschaft in vollem Umfang nutzen: »Was immer der menschliche Verstand sich vorstellen und woran er glauben kann, das kann er auch erreichen.«

Wer mit Weltoffenheit gesegnet ist, der vollbringt im Geschäfts- und Berufsleben wahre Wunder, während der Engstirnige noch ruft: »Unmöglich!«

Gehen Sie in sich

Es wäre gut, wenn Sie sich selbst kritisch einschätzen. Gehören Sie zu denen, die sagen »Das kann ich« und »Wird erledigt«, oder fallen Sie eher in die Kategorie derjenigen, die sagen »Das schafft niemand« – und das, obwohl es jemand anderem gerade gelingt?

Eine offene Einstellung erfordert Glauben – an sich selbst, an Ihre Mitmenschen und an den Schöpfer, der für den Menschen und sein Universum ein Erfolgsmuster geschaffen hat.

Die Zeiten des Aberglaubens sind vorbei. Doch der Schatten des Vorurteils ist so dunkel wie eh und je. Sie können ins Licht hinaustreten, indem Sie Ihre eigene Persönlichkeit gründlich erforschen.

Treffen Sie Entscheidungen auf der Grundlage von Vernunft und Logik, statt sich an Gefühlen und vorgefassten Meinungen zu orientieren? Hören Sie den Argumenten Ihres Gegenübers genau, aufmerksam und bedacht zu? Stützen Sie sich lieber auf Fakten als auf Hörensagen und Gerüchte?

Ein neues Denken ist nötig

Der menschliche Verstand verdorrt, wenn er nicht ständig dem stimulierenden Einfluss neuen Denkens ausgesetzt ist. Die Kommunisten mit ihrer Gehirnwäschetechnik wissen, dass man den Willen eines Menschen am schnellsten brechen kann, indem man ihn geistig isoliert und von Büchern, Zeitungen, Radio und anderen normalen Kanälen intellektueller Kommunikation fernhält.

Unter solchen Bedingungen stirbt der Intellekt an Unterernährung. Nur der stärkste Wille und der reinste Glaube kann ihn dann noch retten.

Kann es sein, dass Sie Ihren Verstand in einem sozialen und kulturellen Straflager eingesperrt haben? Haben Sie sich einer selbst gemachten Gehirnwäsche unterzogen und sich von Ideen abgeschnitten, die zum Erfolg führen können?

Falls ja, dann ist es an der Zeit, die Gitter des Vorurteils aufzubiegen, die Ihren Intellekt gefangen halten.

Öffnen Sie Ihren Geist und befreien Sie ihn!

Mit Aufrichtigkeit ans Ziel

Um Erfolg zu erlangen, brauchen Sie ein festes übergeordnetes Lebensziel. Ihre Chancen, dieses Ziel zu erreichen, sind unendlich viel größer, wenn es den Wunsch mit einschließt, anderen ein besseres Produkt oder eine bessere Dienstleistung zur Verfügung zu stellen. Der entscheidende Begriff dabei ist »aufrichtig«. Aufrichtigkeit ist eine Eigenschaft, die sich durch Zufriedenheit mit und Respekt vor der eigenen Person und die spirituelle Sicherheit eines reinen Gewissens bezahlt macht.

Wir müssen vierundzwanzig Stunden täglich mit uns selbst leben. Diese Partnerschaft kann unerfreulich werden, wenn wir uns nicht anständig betragen, deshalb haben wir den größten Respekt vor diesem unsichtbaren »anderen Selbst«, das uns zu Ruhm, Ehre und Reichtümern lenken kann – oder in Elend und Misserfolg.

Eine Lincoln-Anekdote

Ein Freund erzählte Abraham Lincoln einmal, dass seine Feinde furchtbare Dinge über ihn sagten.

»Mir ist gleich, was sie sagen«, rief Lincoln, »solange es nicht die Wahrheit ist.«

Die Aufrichtigkeit seiner Absichten machte Lincoln immun gegen die Angst vor Kritik. Und diese Eigenschaft ließ ihn auch die scheinbar unüberwindlichen Probleme meistern, die der Bürgerkrieg hervorbrachte.

Aufrichtigkeit ist eine Frage der eigenen Motive. Daher haben andere das Recht, sie zu hinterfragen, ehe sie Ihnen ihre Zeit, ihre Energie oder ihr Geld zusagen.

Testen Sie sich selbst

Ehe Sie Maßnahmen ergreifen, testen Sie Ihre Aufrichtigkeit selbst. Stellen Sie sich folgende Frage: »Angenommen, dass ich selbst von meinem Vorhaben profitieren möchte – biete ich einen fairen Gegenwert in Form von Dienstleistungen oder Waren an für den Gewinn oder den Lohn, den ich zu erzielen hoffe? Oder hege ich die Hoffnung, etwas umsonst zu bekommen?«

Aufrichtigkeit ist anderen besonders schwer zu beweisen. Aber Sie müssen bereit und willens sein, es zu tun.

Die folgende Person hat sich daran gehalten.

Martha Berry gründete eine Schule für die Jungen und Mädchen aus den Bergen North Georgias, deren Eltern kein Geld für ihre Ausbildung hatten.

Weil sie Geld brauchte, um ihre Arbeit fortzusetzen, suchte sie Henry Ford auf und bat ihn um eine bescheidene Spende. Ford lehnte ab.

Eine besondere Bitte

»Na gut«, sagte Miss Berry, »würden Sie uns dann einen Scheffel Erdnüsse geben?«

Diese neue Bitte amüsierte Ford so sehr, dass er ihr das Geld für die Erdnüsse gab.

Miss Berry ließ sie von ihren Jugendlichen einpflanzen und anbauen, bis der Verkauf einen Ertrag von fünfhundert Dollar gebracht hatte. Dann nahm sie das Geld mit zu Ford und zeigte ihm, wie sie seine kleine Spende vervielfacht hatte.

Ford war so beeindruckt, dass er ihr genügend Traktoren und andere landwirtschaftliche Ausrüstung gab, um ihre Schulfarm autark zu machen. Außerdem spendete er im Laufe der Jahre über eine Million Dollar für die wunderschönen Gebäude, die jetzt auf dem Campus der von Miss Berry gegründeten Schule stehen.

»Ich fand es einfach imponierend, was für eine Sicherheit sie hatte und wie großartig sie sich für die bedürftigen Jungen und Mädchen einsetzte«, sagte er.

Durch solche schlagkräftigen Beweise Ihrer Aufrichtigkeit, anderen helfen zu wollen, können Sie Ihre eigenen Lebensziele erreichen.

Bescheidenheit führt zum Erfolg

Viele halten Bescheidenheit, einen der Hauptbestandteile einer angenehmen Persönlichkeit, für eine negative Eigenschaft. Doch das ist sie nicht. Sie ist von großer positiver Kraft.

Tatsächlich ist Bescheidenheit eine Stärke, die der Mensch zu seinem eigenen Wohl einsetzen kann.

Seine größten Fortschritte – ob spirituell, kulturell oder materiell – bauten darauf auf.

Sie ist die entscheidende Voraussetzung des wahren Christentums. Mit ihrer Hilfe hat Gandhi Indien befreit. Und mit ihrer Hilfe schafft Dr. Albert Schweitzer im Dschungel für Tausende Afrikaner – für uns alle – eine bessere Welt.

Bescheidenheit ist absolut unverzichtbar für jenen Persönlichkeitstyp, den Sie brauchen, um persönlichen Erfolg zu erringen, egal was Ihr Ziel ist. Und wenn Sie erst einmal ganz oben angekommen sind, werden Sie sie noch bedeutsamer finden.

Ohne Bescheidenheit gelangen Sie niemals zur Weisheit, denn eine der wichtigsten Eigenschaften des Weisen ist die Fähigkeit zu erkennen: »Ich habe mich geirrt.«

Ohne Bescheidenheit werden Sie also niemals finden, was ich als »Keim des gleichwertigen Nutzens« in Misserfolg und Niederlage bezeichne.

Jeder Misserfolg und jedes Scheitern, so habe ich festgestellt, trägt etwas in sich, das Ihnen bei seiner Überwindung hilft – und Sie sogar darüber hinauswachsen lässt. Ich will Ihnen ein Beispiel dafür geben:

R. G. LeTourneau machte sich mit einer Autowerkstatt selbstständig, scheiterte und ging dann ins Baugewerbe.

Erneut geriet er in die finanzielle Krise. Er war Subunternehmer beim Hoover-Talsperren-Projekt und stieß unerwartet auf sehr hartes Gestein. Er verlor alles, was er besaß.

Trost durchs Gebet

LeTourneau schob die Schuld an seinen Verlusten nicht auf andere oder auf die Naturgewalten. Er übernahm die Verantwortung. Nach jedem Rückschlag fand er Trost im Gebet.

Beim Beten um Anleitung fand er auch den »Keim des gleichwertigen Nutzens« in seiner letzten Niederlage. Er ging in die Baumaschinenbranche zur Herstellung von Geräten, die jede Art Erde oder Gestein bewegen konnten – auch jene, die ihm bei der Hoover-Talsperre das Genick gebrochen hatte.

LeTourneau-Räumgeräte sind heute auf aller Welt im Einsatz. LeTourneau besitzt vier Fabriken, in denen sie produziert werden, und sein Privatvermögen geht in die Millionen.

Den Kirchen spenden

Doch die Geschichte seiner Bescheidenheit ist hier noch nicht zu Ende.

Um seine Dankbarkeit zu erweisen für die Hilfe, die er beim Verwandeln seiner Niederlage in einen Sieg erhielt, spendet LeTourneau heute einen Großteil seiner Einkünfte an Kirchen und investiert viel Zeit in seine Tätigkeit als Laienprediger.

Manchmal verwandelt Bescheidenheit eine Niederlage in eine spirituelle Segnung.

Im Jahr 1955 war ich zu Gast bei Lee Braxton, Geschäftsmann und früherer Bürgermeister von Whiteville, North Carolina, und zwar genau an dem Tag, als er herausfand, dass er einen herben finanziellen Verlust erlitten hatte, ausgelöst durch die Nachlässigkeit eines Partners, dem er jahrelang vertraut hatte.

»Wie viele erfolgreiche Unternehmen haben Sie aufgebaut und geleitet?«, fragte ich.

»Insgesamt fünfzehn«, sagte Braxton, »darunter auch die First National Bank of Whiteville. Mit keinem davon habe ich je auch nur einen Penny Verlust gemacht. Deshalb schmerzt das hier besonders. Es ist ein harter Schlag für mein Selbstwertgefühl.«

Stärke durch Scheitern

»Das ist gut«, sagte ich. »Sie lernen gerade, dass Sie in Zeiten des Scheiterns ebenso stark sind wie während des Erfolgs. Ihr Verlust war ein großer Segen, wenn er Ihnen Bescheidenheit und Dankbarkeit für jene Besitztümer schenkt, die Ihnen immer noch gehören. Damit können Sie erfolgreicher sein als je zuvor.«

Braxtons Miene erhellte sich, und er lächelte breit.

»Das stimmt«, sagte er. »So habe ich das noch gar nicht gesehen.«

Ein paar Monate später erhielt ich einen Brief von Braxton. Er sagte, seine Einkünfte hätten ein Rekordhoch erreicht und würden seinen Verlust mehr als wettmachen.

Bescheidenheit ist eine positive Kraft, die keine Grenzen kennt.

Humor macht alles leichter

Ihr Humor ist ein ausgezeichnetes Kapital, das Ihnen den Weg zum Erfolg ebnen kann. Wenn Sie zu den Menschen gehören, die von Natur aus mit einem heiteren Gemüt gesegnet sind, können Sie von Glück sagen. Wenn nicht, können Sie es sich aneignen.

Es liegt auf der Hand, dass Humor Sie zu einer liebenswerteren, anziehenderen Person macht. Das allein wird Ihnen schon zum Erfolg verhelfen.

Aber zusätzlich kann er Ihnen auch dabei helfen, vorübergehende Misserfolge zu überwinden, darüber hinauszuwachsen und neue Möglichkeiten zu finden, wie Sie wieder auf den Erfolgsweg zurückkehren können.

Humor beruht hauptsächlich auf Bescheidenheit. Mit ihrer Hilfe können wir unsere Fehler und Ängste erkennen, darüber lachen und sie überwinden. Und ebenso können Sie dadurch die Sorgen über problematische Umstände beiseiteschieben, damit daraus keine Hindernisse auf dem Weg zu Ihrem Ziel erwachsen.

Mit Unterstützung der Familie

Genau diese Art beständiger Heiterkeit ermöglichte es Minnie Lee Steen und ihren vier kleinen Kindern, in der Wüste von Utah etliche Schwierigkeiten zu überstehen, während ihr Mann Charles im Jahre 1950 nach Uran suchte, von dem er sicher war, es dort zu finden.

Wasser war so knapp, dass das Baby gesüßten Tee trinken musste. Die Familie hatte so wenig zu essen, dass sie Wild erlegen musste, um an etwas Fleisch zu gelangen. Brot vom Bäcker war ein solcher Luxus, dass die Kinder sich darüber hermachten wie über Kuchen.

Bei alldem bewahrten sich Charles und Minnie Lee Steen zwei Jahre lang ihren Humor. Die Kinder machten ihre Probleme zu einer Art Spiel – einem »Pionierspiel«, das ihnen viel Freude bereitete. Somit hatten die Schwierigkeiten nie eine Chance, die tapfere Familie zu überwältigen.

Am Ende gewann Steen. Er fand eine Uranmine, die binnen drei Jahren Uranerz im Wert von siebzig Millionen Dollar hervorbrachte. Seine Anteile werden auf mindestens sechzig Millionen Dollar geschätzt.

Dem Hindernis begegnet

Charles und Minnie Lee Steen haben es nach ganz oben geschafft, und daran hat ihr unverwüstlicher Humor einen nicht geringen Anteil.

Ein ebensolcher Humor half auch Jonas Mayer, als er mit einem zerschmetterten Kiefer, einem lahmen Bein und praktisch taub aus dem Ersten Weltkrieg heimkehrte.

Er suchte sich bewusst einen Bereich aus, in dem Gehörlosigkeit ein Hindernis darstellte – nämlich den Verkauf –, und er triumphierte ebenfalls. Heute ist er Vizepräsident der American Linen Supply Co. in Chicago.

»Ohne Humor kann man keinen Spaß haben«, sagt Joe Mayer. »Und je mehr man über seine Probleme zu lachen lernt, umso weniger wichtig erscheinen sie einem, bis sie schließlich überhaupt nicht mehr existieren.«

Zählen Sie die Gaben

Was Joe Mayer, Charles Steen und Tausende andere gemacht haben, können Sie auch.

Lernen Sie zunächst, Segnungen und Gaben, die Ihnen zuteilwurden, häufiger zu zählen als Ihre Sorgen und Probleme. Geben Sie ihnen in Ihren Gedanken den obersten Platz. Falls Ihnen das schwerfällt, erstellen Sie sich eine schriftliche Inventarliste davon, die Sie durchlesen, wann immer Sie anfangen, sich Sorgen zu machen.

Denken Sie daran, dass viele dieser Segnungen verborgene Schätze sind, alltägliche Dinge oder Eigenschaften, die Sie einfach als selbstverständlich nehmen. Zum Beispiel Ihre Gesundheit. Oder die Liebe, Bewunderung und Treue Ihrer Familie.

Lernen Sie, Ihre Probleme als Sprungbretter für den Erfolg zu betrachten. Jede überwundene Schwierigkeit bringt Sie Ihrem Ziel ein Stück näher.

Es könnte schlimmer sein

Bedenken Sie, dass jede negative Situation auch noch schlimmer sein könnte – wie bei dem Mann, der sein Schicksal verfluchte, weil er keine Schuhe hatte, bis er einem anderen Mann begegnete, dem die Füße fehlten. Lassen Sie keinen Tag vergehen, ohne ein Dankgebet für das Gute gesprochen zu haben, das Ihnen beschert wurde, egal wie gering es sein mag. Und bemühen Sie sich, jeden Tag einen Teil Ihrer Zeit und Ihrer Energie darin zu investieren, anderen zu helfen. Werden Sie zum Wohltäter.

Kein Problem ist einzigartig oder neu, das sollten Sie immer bedenken. Sie können sich immer Rat oder Hilfe einholen. Und Sie sind nie allein. Eine Höhere Macht ist immer mit Ihnen. Lernen Sie, sich darauf zu verlassen.

Machen Sie es zu Ihrem Grundsatz, sich mit Ihren Problemen auseinanderzusetzen, und zwar voll Kühnheit, Mut und Entschlossenheit. Wie Emerson sagte: »Ein Abenteuer ist nichts anderes als eine angemessen durchdachte Unannehmlichkeit.«

Die Amerikaner gelten als zu ungeduldig

Amerikaner sind immer in Eile. Angehörige anderer Nationen betrachten das als unsere hervorstechendste Eigenschaft. Und sie haben recht. Es ist ein nationales Charakteristikum, das der herausfordernden, kraftvollen Energie entspringt, die unsere größte Stärke ist.

Doch eben diese Energie – diese Antriebskraft, die sofortiges Handeln erfordert – kann auch eine Schwäche sein. Denn sie hat uns zum ungeduldigsten Volk der Welt gemacht.

Während des Krieges waren viele unserer Soldaten aufgrund ihrer typisch amerikanischen Ungeduld gegenüber dem Feind in einem gefährlichen Nachteil. Oft setzten sie sich unnötigerweise dem Beschuss aus, statt auf einen Scharfschützen zu warten.

Geduld braucht Mut

Geduld braucht ihre eigene, besondere Form des Mutes. Sie ist eine dauerhafte Form der Nachsicht und der Stärke, die sich aus der völligen Hingabe an ein Ideal oder ein Ziel ergibt. Je stärker Sie also von der Vorstellung durchdrungen sind, Ihr übergeordnetes Lebensziel zu erreichen, desto mehr Geduld haben Sie, um Hindernisse zu überwinden.

Die Art der Geduld, die ich meine, ist eher dynamisch als passiv. Sie ist mehr positive Kraft als stille Anpassung an die Umstände. Und sie entsteht aus derselben immensen Energie, die wir Amerikaner im Überfluss besitzen. Dabei wird sie jedoch straff kontrolliert und ist mit beinahe fanatischer Obsession auf ein einziges Ziel gerichtet.

Das ist die Art von Geduld, die Thomas A. Edison bewies, als er nach dem geeigneten Material für den Glühfaden der Glühbirne suchte.

Zehntausend Fehlversuche

Schätzungen zufolge machte Edison zehntausend Fehlversuche, während er ein Material nach dem anderen ausprobierte und verwarf, bis er endlich das richtige fand.

Ich fragte Edison einmal, was er denn getan hätte, wenn er weiterhin erfolglos geblieben wäre.

»In diesem Fall wäre ich immer noch in meinem Labor und würde nach der richtigen Lösung suchen, statt meine Zeit damit zu verschwenden, mit Ihnen zu schwatzen«, erwiderte er mit einem Lächeln, das seine Worte abmilderte.

Constance Bannister bezeichnet Ungeduld als ihren größten Fehler. Trotzdem wählte sie bewusst einen Beruf, bei dem Geduld die wichtigste Voraussetzung ist – das Fotografieren von Babys –, und wurde darin äußerst erfolgreich.

»Um bei einem Baby den gewünschten Ausdruck zu erhalten, muss man wiederholen und wiederholen, erklären und erklären, und das mit beruhigender, monotoner Stimme«, sagt sie.

Humor entwickeln

»Ich fotografiere gerne Babys, weil mir das auch persönlich etwas gibt. Es weckt meinen Sinn für Humor und hilft mir, auf anderen Gebieten kreativ zu sein.«

Wie kann man Geduld entwickeln? Das ist gar nicht schwer, vorausgesetzt, Sie haben sich für ein übergeordnetes Lebensziel entschieden und konzentrieren sich mit Ihrer gesamten Willenskraft darauf, bis es zu einem brennenden Verlangen wird – und alle Ihre Gedanken, Taten und Gebete auf dieses Ziel gerichtet sind.

Genau so eine fixe Idee ermöglichte erst die notwendige Geduld, damit Edison das elektrische Licht erfinden, Salk eine Polioschutzimpfung herstellen, Hillary den Mount Everest besteigen und Helen Keller über scheinbar unüberwindliche körperliche Behinderungen triumphieren konnte.

Eine solche Konzentration auf Ihr Hauptziel gibt auch Ihnen die Geduld, die Sie brauchen, um es zu erreichen.

L C Smith

Die Weisheit der Selbstdarstellung

In der heutigen Lektion über die Erfolgswissenschaft wollen wir den Fall Joe Dull betrachten. Joe ist ein unermüdlicher Arbeiter – sorgfältig, loyal, pünktlich, zuverlässig und einfallsreich. Er gibt seinem Chef mehr als die notwendige Zeit, Mühe und Energie. Sicher denken Sie jetzt, dass Joe Erfolg haben wird.

Wird er aber nicht. Joe erreicht gar nichts. Andere, die erkennbar weniger Wert liefern, bekommen die Beförderungen und Gehaltserhöhungen.

Die Sache ist, dass es Joe an der Fähigkeit der Selbstdarstellung fehlt. Er weckt einfach nie die Aufmerksamkeit seines Chefs.

Sind Sie so wie Joe? Falls ja, setzen Sie sich in Szene und schauen Sie, um wie viel leichter es dann ist, die Erfolgsleiter zu erklimmen.

Ein Wort der Vorsicht ist jedoch angebracht. Es gibt einen erheblichen Unterschied zwischen echter Selbstdarstellung und den weniger ehrlichen Methoden, die Aufmerksamkeit auf sich zu ziehen. Speichelleckerei zum Beispiel bringt Ihnen mehr Feinde als Freunde. Dasselbe gilt für Angeberei.

Echte Selbstdarstellung ist etwas Kreatives. Sie hat einen gewissen Unterhaltungswert. Sie erfordert Genialität und ein gutes Timing.

Der Kandidat

Ich erinnere mich zum Beispiel, wie Alexander Brummit für das Amt des Sheriffs in Wise County, Virginia, kandidierte.

Brummit organisierte einen »Arbeitstrupp«, um ein neues Heim für eine verwitwete Mutter zu errichten. Er besuchte die Bürger und brachte sie dazu, der Gruppe beizutreten; Händler und Geschäftsleute veranlasste er, das Material und die Möbel bereitzustellen. Er sorgte sogar dafür, dass für die Freiwilligen ein großes Picknick veranstaltet wurde.

Nachdem das Haus an einem einzigen Tag gebaut worden war, verwandelte Brummit das abendliche Picknick in eine Wahlkampfveranstaltung und hielt vor der Menschenmenge, die praktisch jeden wahlberechtigten Bürger des Countys umfasste, eine Rede.

Alexander Brummit dankte ihnen dafür, mit ihm gemeinsam etwas Gutes für ein Gemeindemitglied geschafft zu haben, und schloss damit, dass er sie erneut um Hilfe bat – für die Gemeinde als Ganzes –, »indem ihr mich wählt, um für die Bürger von Wise County die verdiente Umsetzung des geltenden Rechts zu sichern«.

Seine Selbstdarstellung verschaffte ihm einen erdrutschartigen Wahlsieg.

Macfadden war ein Selbstdarsteller

Barnarr Macfaddens Neigung zur Selbstdarstellung grenzte gelegentlich ans Bizarre, aber es brachte ihm Millionen ein, dass er in roter Flanellunterwäsche mit einem Fallschirm aus Flugzeugen sprang, barfuß den Broadway entlangspazierte und seine außergewöhnlichen Muskelpakete vorführte.

So extrem müssen Sie ja nicht auftreten. Manchmal kann besonders aufmerksames Beachten der Regeln von Höflichkeit und Zuvorkommenheit denselben Zweck erfüllen.

Glenn R. Fouche, der Präsident der Stayform Co., erzählt die Geschichte eines Freundes, der durch diese einfache Methode zum Chef eines großen texanischen Hebebühnen- und Lastkranunternehmens aufstieg.

Als der junge Vertreter seine erste kleine Hebebühne verkaufte, bedankte er sich schriftlich beim Leiter der Versandabteilung für die umgehende Auslieferung der Bestellung. Er schrieb dem Leiter der Lackiererei, wie stolz er war, als er beim Auspacken der Hebebühne die leuchtend rote Farbe entdeckte. Im Laufe der Jahre machte er es sich zur Gewohnheit, jedes Mitglied der Firma wissen zu lassen, wie sehr er seine Dienste zu schätzen wusste.

Denken Sie daran, dass echte Selbstdarstellung einem positiven Kurs folgen muss. Niemals sollte sie den Wert anderer Menschen herabwürdigen oder schmälern. Kein Mensch kann auf den Schultern anderer zum Erfolg aufsteigen.

Wenn Sie wie der gute alte verlässliche Joe Dull sind, sind Sie vielleicht zu bescheiden, zu schüchtern und zurückhaltend, um dem Chef Ihre Ideen, Vorschläge und Angebote zusätzlicher Leistungen vorzustellen. Nutzen Sie in diesem Falle schriftliche Nachrichten. Die stellen auch sicher, dass sich niemand mit fremden Federn schmücken kann.

Aber warten Sie nicht zu lange. Beginnen Sie jetzt, die Selbstdarstellung als Ihr Erfolgswerkzeug einzusetzen!

Hoffnungen und Träume führen nach oben

Hoffnung ist das Rohmaterial für Ihren Erfolg. Hoffnung kristallisiert sich zu Glauben, Glauben zu Entschlossenheit und Entschlossenheit zu Handlung.

Im Großen und Ganzen entspringt sie Ihren Träumen von einer besseren Welt, einem besseren Leben, einer besseren Zukunft.

Auf der Grundlage der Hoffnung fällen Sie einen Entschluss über Ihr wesentliches Lebensziel und setzen es in die Realität um.

Vor Jahren saß James J. Hill beispielsweise an der Tastatur eines Telegrafen und versandte die Nachricht einer Frau an ihre Freundin, deren Mann bei einem Zugunglück ums Leben gekommen war. Die Nachricht lautete: »Dein Kummer kann gelindert werden durch die Hoffnung, deinen Mann in einer besseren Welt wiederzusehen.«

»Hoffnung« löste den Traum aus

Das Wort »Hoffnung« setzte sich in Hills Kopf fest. Er fing an, über die Kräfte und Möglichkeiten der Hoffnung nachzudenken. So entstand sein Traum, eines Tages eine neue Eisenbahnstrecke Richtung Westen zu errichten.

Der Traum verfestigte sich allmählich zu einer klar definierten Entschlossenheit, die schließlich dazu führte, dass Hill das Great-Northern-Railway-System aufbaute.

Manuel L. Quezon gestattete sich, von einer unabhängigen Regierung für seine geliebten Inseln, die Philippinen, zu träumen. Er wagte sogar zu hoffen, dass er eines Tages der Präsident einer freien philippinischen Republik sein könne.

Vierundzwanzig Jahre Arbeit

Seine Hoffnung wurde zu Glauben – und dann zur Handlung, als er zum niedergelassenen Oberverwalter der Inselgruppe wurde.

Vierundzwanzig Jahre lang unternahm er jede Mühe, um den Tag herbeizuführen, an dem die Region zu einem eigenen Land würde. Ich weiß das, weil er ein guter Freund von mir war und sich häufig für die Erreichung seiner politischen Ziele von mir beraten ließ.

Wie jeder weiß, waren seine Mühen erfolgreich. Am Tag seiner Wahl zum Präsidenten der neuen philippinischen Republik schickte Quezon mir ein Telegramm mit diesen Worten: »Ich danke dir aus tiefstem Herzen dafür, dass du mich dazu angeregt hast, die Flamme der Hoffnung in meinem Herzen am Leben zu erhalten, bis dieser ruhmreiche Tag des Triumphes erreicht ist.«

Große Träume

Aus Quezons Geschichte können Sie lernen, dass Sie Ihrer Fantasie freien Raum lassen müssen, um hoffen zu können. Gestatten Sie sich große Träume. Halten Sie an dem Glauben fest, dass nichts unmöglich ist, denn »was immer der menschliche Verstand sich vorstellen und woran er glauben kann, das kann er auch erreichen«.

Entscheiden Sie sich aufgrund Ihrer Hoffnung und Ihres Glaubens für ein konkretes Hauptziel. Schreiben Sie es auf.

Verankern Sie es in Ihrem Gedächtnis. Machen Sie es zu Ihrem Fixstern, mit dem Sie Ihren Erfolgskurs berechnen. Und dann unternehmen Sie Maßnahmen, um es wahr werden zu lassen.

Jede Erfolgsgeschichte mit einem glücklichen Ende beginnt mit den Worten: »Es war einmal ein Mann, der hoffte, dass eines Tages ...«

So muss auch Ihre beginnen.

Man beurteilt Sie nach Ihren Worten

Jeder Mensch, dem Sie erstmalig begegnen, ist ein Richter. Sie sind der Angeklagte. Jeder versucht bewusst oder unbewusst und selbst bei den flüchtigsten Bekanntschaften einzuschätzen, was für ein Mensch Sie sind, wie Sie denken, wie Sie ticken.

Was diese Leute bei solchen kurzen Begegnungen über Sie denken, hängt von zwei Dingen ab – wie Sie aussehen und wie Sie sich ausdrücken.

Sie müssen jederzeit den bestmöglichen Eindruck hinterlassen. Denn der nächste Mensch, der Ihnen begegnet, könnte derjenige sein, der Ihnen ein enormes Stück die Erfolgsleiter hinaufhilft.

Ihre Ausdrucksweise und Wortwahl sprechen weitaus stärker für oder gegen Sie als jeder andere Faktor.

Deshalb sollten Sie sich dies zur Lebensregel machen: Wählen Sie Ihre Worte immer mit derselben Bedachtsamkeit und Sorgfalt, als würden Sie in einem Stadion vor zehntausend Menschen sprechen und als würde Ihre Rede an zehn Millionen weitere Zuhörer im Radio übertragen.

Am besten einfach

Das heißt nicht, dass Sie sich hochtrabend, formell oder gestelzt ausdrücken müssen. Eine einfache Sprache transportiert viel mehr Stärke und Bedeutung.

Und auch wenn grammatikalische Korrektheit überaus wünschenswert ist, wurden einige der philosophischsten Gedanken ohne sie formuliert, wie etwa von Einstein.

Absolut unverzichtbar ist jedoch ein guter Wortschatz. Denn wir denken praktisch unweigerlich in Wörtern. Und ohne einen guten Vorrat derselben ist unsere gedankliche Bandbreite stark begrenzt.

Wenn Ihnen ein guter Wortschatz fehlt, machen Sie es sich zur täglichen Gewohnheit, in einem Wörterbuch zu stöbern. Erforschen Sie etwa den Duden, um die Bedeutungsschattierungen von Synonymen kennenzulernen.

Lernen Sie täglich ein neues Wort, das Sie in mindestens zehn Satzzusammenhängen aufschreiben, um Praxiserfahrung zu sammeln. Strengen Sie sich an, es so oft wie möglich anzuwenden.

Mit Bedeutung aufgeladen

Das Wort muss weder lang noch schwierig sein, aber es sollte mit Bedeutung aufgeladen sein. Konzentrieren Sie sich auf diejenigen Begriffe, mit denen Sie subjektive Ideen vermitteln können, die schwer auszudrücken sind, wenn Sie nicht die richtigen Worte zur Verfügung haben.

Lernen Sie dann, das richtige Wort am richtigen Ort zur richtigen Zeit zu benutzen. Das geht nur durch Übung im täglichen Gespräch.

Tilgen Sic ab sofort sämtliche Plattitüden, Flüche, Obszönitäten und Respektlosigkeiten aus Ihrem Vokabular.

Die Verwendung von Plattitüden oder Flüchen ist ein verräterisches Zeichen dafür, dass jemandem die Ausdruckskraft fehlt, seine Emotionen angemessen zu formulieren.

Auf Obszönitäten, unanständige Witze und Zweideutigkeiten greift nur der Tölpel zurück, dem die Klugheit fehlt, tatsächlich witzig oder amüsant zu sein.

Schmähungen des eigenen oder eines fremden Gottes sind grundsätzlich unverzeihliche Geschmacklosigkeiten.

Dieser Diskurs über die Verwendung der richtigen Wörter ruft mir eine Geschichte ins Gedächtnis, die ich einmal über ein großes Dinner hörte, das ein ehemaliger britischer Premierminister gab.

Der ungeladene Cockney

Ein sehr distinguiert aussehender Gentleman von tadellos korrekter Erscheinung nahm daran teil. Sein Auftreten beeindruckte alle. Aber niemand schien ihn zu kennen.

Als das Dinner serviert wurde, bot ein Kellner dem gut gekleideten Fremden eine Platte mit gebackenen Kartoffeln an. Der Gast strahlte und ergriff zum ersten Mal das Wort. »Ah! Da kommt ja meine Pommes!«, rief er im breitesten Cockney-Dialekt.

Er wurde sofort als ungeladener Einschleicher des Raumes verwiesen.

Das ist die Moral der Geschichte: Wenn Sie nicht die richtigen Worte für die Gelegenheit kennen, halten Sie den Mund und ersparen Sie sich Ärger.

Seien Sie optimistisch!

Optimismus ist eine Frage der geistigen Haltung. Sie können sich eine optimistische Einstellung angewöhnen – und damit Ihre Chancen auf Erfolg deutlich erhöhen. Oder Sie können sich in Pessimismus und Versagen suhlen.

Optimismus ist eine der wichtigsten Eigenschaften einer angenehmen Persönlichkeit. Doch er hängt weitgehend von anderen Eigenschaften ab, über die wir bereits gesprochen haben – Humor, Hoffnung, die Fähigkeit, Angst zu überwinden, Zufriedenheit, eine positive innere Einstellung, Flexibilität, Glaube und Entschlossenheit.

Der Pessimist fürchtet den Teufel und verbringt den Großteil seiner Zeit damit, gegen ihn zu kämpfen.

Der Optimist hingegen liebt seinen Schöpfer und verbringt seine Zeit damit, Ihn zu ehren.

Sie können sich gegen den Pessimismus wehren, indem Sie fest an die beiden grundlegendsten Wahrheiten der Erfolgswissenschaft glauben:

1. »Was immer der menschliche Verstand sich vorstellen und woran er glauben kann, das kann er auch erreichen.«
2. »Jede Widrigkeit und Niederlage trägt in sich den Keim eines gleichwertigen Nutzens, wenn wir nur klug genug sind, ihn zu entdecken.«

Angenehme Pläne

Statt sich um die schlimmen Dinge zu sorgen, die Ihnen widerfahren könnten, zählen Sie sich täglich ein paar Minuten lang die schönen Ereignisse auf, die morgen, nächste Woche, nächstes Jahr passieren werden!

Indem Sie darüber nachdenken, entwickeln Sie zugleich Pläne, um sie wahr werden zu lassen. So machen Sie sich den Optimismus zur Gewohnheit.

Denken Sie daran, dass keine große Führungspersönlichkeit, kein erfolgreicher Mann jemals ein Pessimist war. Was könnte ein solcher Mensch seinen Getreuen anderes versprechen als Verzweiflung und Niederlage?

Selbst in den düstersten Zeiten des Bürgerkriegs vertrauten die Führungskräfte beider Seiten – wie etwa Lincoln und Lee – darauf, dass bessere Tage folgen würden.

Franklin D. Roosevelts natürlicher Optimismus ließ eine entmutigte Nation auf dem Tiefstpunkt der Weltwirtschaftskrise neue Hoffnung schöpfen.

Selbst berüchtigte Führungsgestalten – die Hitlers, Stalins, Mussolinis und Maos – bedienen sich des Versprechens besserer Zeiten, um Anhänger zu gewinnen mit Sentenzen wie »und morgen die ganze Welt«, »nichts zu verlieren als eure Ketten« und »das neue Asien«.

Können Sie, der Sie unter dem besten sozialen, wirtschaftlichen und politischen System in der Menschheitsgeschichte leben, es sich leisten, dahinter zurückzustehen?

Für die zwischenmenschlichen Beziehungen gilt: Gleich und Gleich gesellt sich gern, egal wie die entsprechende Regel in der physischen Welt lauten mag. Ein Optimist schließt sich eher mit Optimisten zusammen, genau wie Erfolg weiteren Erfolg anzieht.

Ein Pessimist dagegen bringt Sorgen und Ärger hervor, ohne auch nur ein Wort zu sagen oder irgendetwas zu tun, weil seine negative innere Einstellung darauf wie ein Magnet wirkt.

Für sich genommen ist Optimismus eine Art von Erfolg. Denn er bedeutet, dass Sie einen gesunden, friedlichen und zufriedenen Geist haben. Auch ein sehr reicher Mann kann körperlich versagen, wenn sein ständiger Pessimismus ihm ein Magengeschwür einbringt.

Optimismus ist kein Geisteszustand, bei dem Sie sich einfach nur treiben lassen im blauäugigen Vertrauen darauf, dass die Zukunft es schon richten wird. Nur Schwachköpfe denken auf diese Weise.

Gutes Urteilsvermögen

Er ist jedoch eine feste Überzeugung, dass Sie den Verlauf der Dinge positiv steuern können, indem Sie vorausdenken und sich auf der Grundlage eines guten Urteilsvermögens für einen bestimmten Handlungsverlauf entscheiden. Lassen Sie mich Ihnen ein Beispiel geben.

Auf dem Höhepunkt des Aufschwungs von 1928 gab es jene falschen Optimisten, die nicht glauben wollten, dass die Blase jemals platzen könnte. Sie verspotteten die wenigen weitsichtigen »Pessimisten«, die davor warnten, dass die Nation sich auf gefährlich inflationärem und spekulativem Gebiet bewegte.

Als die Konjunktur einbrach, erwischte das die »Optimisten« eiskalt. Vielen fehlte es an der spirituellen Stärke, um die Chance in der Niederlage zu entdecken, und sie erwiesen sich als die wahren Pessimisten.

Doch diejenigen mit dem furchtlosen und ehrlichen Weitblick hatten sich vorbereitet, indem sie Aktien und andere Anlagen leer verkauften – und ein Riesengeschäft machten. Sie entpuppten sich als wahre Optimisten.

Auch Sie können ein solcher Optimist sein. Lernen Sie, der Zukunft ins Auge zu blicken. Analysieren Sie sie. Wägen Sie die Faktoren mithilfe Ihres Urteilsvermögens gegeneinander ab. Und entscheiden Sie sich dann für die notwendigen Schritte, damit die Dinge sich so entwickeln, wie Sie das wünschen.

Sie werden feststellen, dass die Zukunft nichts bereithält, vor dem Sie sich fürchten müssten.

TEIL III

Die »Wissenschaft des Erfolgs« in der *Naperville Sun*, September 1956 bis Januar 1957

»Die hohe Geschwindigkeit, mit der die Welt sich heutzutage voranbewegt, hat Tausende Bedürfnisse geschaffen, die vor fünfzig Jahren noch gar nicht existierten. Diese Formel beweist, dass es keine Grenzen gibt mit Ausnahme derjenigen, die man sich im Geiste selbst auferlegt.«

Artikel I: Erfolg für Sie

Ihr Erfolg ist lediglich von Ihren eigenen Träumen und Sehnsüchten begrenzt! Wenn *Sie* bereit sind, können Sie diesen Tag zum wichtigsten Wendepunkt Ihres Lebens machen, ungeachtet Ihrer vergangenen Niederlagen und bestehenden Einschränkungen und unabhängig davon, was Sie sich vom Leben am meisten erhoffen.

Es gibt eine Formel für Erfolg – genau wie es eine Formel für Misserfolg gibt.

Ihre siebzehn Punkte werden den *Sun*-Lesern mit dieser Serie zur Verfügung gestellt und zwar jede Woche einer. Diese Formel wurde im Ganzen oder zumindest teilweise von jedem Menschen angewendet, der jemals irgendeinen nennenswerten Erfolg erzielt hat.

W. Clement Stone verwendete die Erfolgsformel so wirkungsvoll, dass er inzwischen Präsident von vier großen Versicherungsunternehmen ist, obwohl er sein Geschäft mit nur einhundert Dollar Bargeld und ebendieser Formel startete.

Earl Nightingale, der berühmte Radio- und Fernsehstar aus Chicago, gelangte erst vor ein paar Jahren in den Besitz der Formel, als er noch für ein bescheidenes Gehalt arbeitete. Er wandte sie so wirkungsvoll an, dass er jetzt Präsident zweier Konzerne und Direktor etlicher weiterer ist.

Brownie Wise, ehemalige Hausfrau und mittlerweile eine der erfolgreichsten Geschäftsfrauen der Welt, gelangte erst vor ein paar Jahren in den Besitz der berühmten Formel. Heute ist sie Chefin von Tupperware Home Parties, einer landesweiten Organisation mit vielen Tausend Beschäftigten.

Conrad Hilton wurde unter bescheidenen Umständen in einem einfachen Ziegelhaus in Cisco, Texas, geboren. Indem er nur einige der siebzehn Punkte der Erfolgsformel anwandte, wurde er zum Chef der größten Hotelkette der Welt. Vor Kurzem sagte er: »Ihr Wert wird davon bestimmt, was Sie aus sich selbst machen.«

Es spielt keine große Rolle, wo ein Mann in diesem Land anfängt. Die entscheidende Frage ist: Was ist sein Ziel und wie plant er es zu erreichen?

Wo sonst als in den USA könnte ein bescheidener Einwanderer als Bananenkarrenschieber anfangen und schließlich zum Direktor der größten Bankenkette der Welt werden, so wie der italienischstämmige Gianini? Er hat sich nicht nur durch die Anwendung der Erfolgsformel aus der Armut in den Reichtum befördert, sondern diese Formel machte auch die von ihm gegründete Bank of America zur größten Bankenkette weltweit.

Wir leben in einer Zeit, die mit mehr Erfindungen und mehr Möglichkeiten zur Vermarktung persönlicher Dienstleistungen gesegnet ist als je zuvor in der Menschheitsgeschichte vor der Jahrhundertwende.

Lassen Sie sich von niemandem entmutigen, der behauptet, dass Chancen der Vergangenheit angehören. Die hohe Geschwindigkeit, mit der die Welt sich heutzutage voranbewegt, hat Tausende Bedürfnisse geschaffen, die vor fünfzig Jahren noch gar nicht existierten. Diese Formel beweist, dass es keine Grenzen gibt mit Ausnahme derjenigen, die man sich im Geiste selbst auferlegt.

Der allererste notwendige Schritt auf dem Weg zum Erfolg wird nächste Woche in dieser Serie besprochen.

Artikel II: Das Ziel bestimmen

Ehe man anfängt, ein Haus zu bauen, erstellt man zunächst einen zufriedenstellenden Plan. Und Sie würden auch keine Reise antreten, ohne zu wissen, wohin es geht oder wie Sie dorthin kommen sollen.

Doch nur etwa zwei von tausend Menschen wissen genau, was sie sich vom Leben wünschen, und haben umsetzbare Pläne zur Erreichung ihrer Ziele. Diese Männer und Frauen sind in allen Lebenslagen immer ganz vorn – die großen Erfolge, die ihnen beschieden sind, zahlen sich jeweils auf ihre eigene Weise aus.

Und das Seltsamste an diesen erfolgreichen Menschen ist, dass sie nicht mehr Persönlichkeit, mehr Bildung oder mehr Chancen besitzen als andere, die es nie schaffen.

Wenn Sie genau wissen, was Sie wollen, und vollkommenes Vertrauen in Ihre Fähigkeit haben, es zu schaffen, können Sie erfolgreich werden. Wenn Sie *nicht* sicher sind, was Sie sich vom Leben wünschen, fangen Sie jetzt an, es herauszufinden.

Schreiben Sie als Erstes eine deutliche Erklärung, was Sie am meisten wollen – was genau es ist, das Sie erreichen müssten, um sich selbst zu Recht als erfolgreich zu bezeichnen.

Umreißen Sie als Nächstes schriftlich den Plan, mit dessen Hilfe Sie dieses Ziel erreichen wollen, und bringen Sie darin deutlich zum Ausdruck, was Sie im Gegenzug zu geben beabsichtigen.

Setzen Sie sich drittens ein festes Zeitlimit, bis wann Sie Ihr festgelegtes Hauptziel erreicht haben wollen.

Viertens: Prägen Sie sich ein, was Sie aufgeschrieben haben, und wiederholen Sie es mehrmals täglich wie ein Gebet.

Beenden Sie das Gebet, indem Sie Ihre Dankbarkeit dafür ausdrücken, dass Sie erhalten haben, was Ihr Plan erfordert.

Folgen Sie diesen Anweisungen ganz genau, und Sie werden staunen, wie schnell sich Ihr gesamtes Leben zum Besseren verändert. Behalten Sie die Vorgehensweise für sich, es sei denn, Sie ärgern sich über die Skeptiker in Ihrem Umfeld, die nicht verstehen, welchem höheren Gesetz Sie folgen.

Denken Sie daran: *Nichts passiert einfach so!* Sie müssen es passieren *lassen*, auch den individuellen Erfolg. Erfolg ist in jedem Beruf das Ergebnis von festgelegten Handlungen, die sorgfältig geplant und beharrlich ausgeführt werden.

Zielstrebigkeit macht das Wort »unmöglich« überflüssig. Sie ist der Ausgangspunkt aller erfolgreichen Errungenschaften und steht Ihnen und jedermann zur Verfügung, ohne Geld und ohne Preis. Sie brauchen nichts als persönliche Initiative, um sie willkommen zu heißen und einzusetzen.

Solange Sie nicht wissen, was Sie vom Leben erwarten, und nicht entschlossen sind, es zu bekommen, müssen Sie sich mit den Brotkrümeln derjenigen zufriedengeben, die wissen, was sie wollen und wie sie es erreichen.

Um sich Ihres Erfolgs gewiss zu sein, lassen Sie Ihr Ziel vollständig Ihren Verstand durchdringen. Durchdenken und planen Sie das Ersehnte. *Halten Sie Ihre Gedanken fern von dem, was Sie nicht wollen.* Das ist die praktische Formel, die alle erfolgreichen Menschen befolgen.

Artikel III: Positive Einstellung

Auf die Frage, was am meisten zu seinem Erfolg beigesteuert habe, erwiderte der verstorbene Henry Ford: »Ich beschäftige mich gedanklich so viel mit dem, was ich erreichen will, dass kein Platz für das bleibt, was ich nicht will.« Danach gefragt, was er für den erfolgreichen Betrieb seines großen Automobilkonzerns am meisten brauche, antwortete Ford, ohne zu zögern: »Mehr Leute, die keine Ahnung davon haben, wie irgendetwas nicht machbar ist.«

Und Thomas Edison, der größte Erfinder aller Zeiten, schockierte durch die Aussage, dass seine Schwerhörigkeit sein größter Segen sei, denn sie bewahre ihn davor, sich Berichte über negative Umstände anhören zu müssen, an denen er kein Interesse habe, und zudem ermögliche sie ihm, sich mit einer positiven inneren Einstellung auf seine Ziele zu konzentrieren.

Eine der merkwürdigsten Eigenschaften des Menschen ist, dass oft erst ein Unglück, ein Scheitern oder irgendeine Form des Missgeschicks eintreten muss, damit er die Kraft einer positiven inneren Einstellung erkennt.

Milo C. Jones aus Fort Atkinson, Wisconsin, verdiente als Landwirt nur wenig – bis er von einer Lähmung befallen wurde. Dann entdeckte er, dass sein Verstand stärker war als Muskelkraft. Seine Idee der »Little-Pig«-Würstchen machte ihn mit genau jenem Bauernhof, der zuvor gerade eben sein Auskommen gesichert hatte, zu einem sagenhaft reichen Mann.

Ihre innere Einstellung ist das Medium, durch das Sie Ihr Leben sowie Ihre Beziehung zu Menschen und äußeren Umständen ins Gleichgewicht bringen können.

Artikel IV: Zusätzliche Leistung

»Und so dich jemand nötigt eine Meile, so gehe mit ihm zwei.« Das ist die vielleicht tiefgründigste Lehre der Heiligen Schrift. Sie geht weit über die goldene Regel hinaus, die dazu auffordert, seinen Mitmenschen nicht nur das zu geben, was sie erwarten und worauf sie einen Anspruch haben, sondern weit mehr.

Das Konzept der »zusätzlichen Leistung« wird in der Bibel auch an anderer Stelle vorgestellt, dort heißt es: »Denn was der Mensch sät, das wird er ernten.«

Zusätzliches zu leisten bedeutet, größere und bessere Dienste zu erbringen als üblich oder nötig – und zwar mit einer positiven, angenehmen inneren Einstellung. Dies ist der einzige gerechtfertigte Grund, um eine Gehaltserhöhung oder eine Beförderung zu erbitten. Oder sonst irgendeinen Gefallen.

Carol Downes, ein junger Bankangestellter, wechselte den Arbeitsplatz und ging zu William C. Durant, dem Gründer von General Motors. Am ersten Tag ereignete sich etwas, das Downes eine Beförderung nach der anderen einbrachte und ihn zu einem sehr reichen Mann machte.

Als die Feierabendglocke ertönte, eilten alle zur Ausgangstür. Downes blieb an seinem Schreibtisch. Ein paar Minuten darauf kam Durant aus seinem Büro, sah Downes noch an seinem Pult sitzen und bat ihn, ihm einen Stift zu bringen.

Downes besorgte zwei neue Bleistifte, spitzte sie sorgfältig an und reichte sie dem Fahrzeug-Tycoon mit einem Lächeln. Jeden Abend blieb Downes bis lange nach Feierabend, wie er sagte, um bereitzustehen, wenn sein Boss etwas brauchte.

Diese Einstellung bescherte Downes einen Fünfzigtausend-Dollar-Job aufgrund seiner Beziehung zu Durant.

Die Vorteile, die sich aus der Gewohnheit ergeben, zusätzliche Leistung zu erbringen, kommen nicht immer von den Personen, für die die Leistung erbracht wird. Manchmal scheint die Belohnung erst mit großer Verzögerung zu folgen. Aber wenn sie eintritt, beträgt sie oft ein Vielfaches der Art und des Ausmaßes dessen, was man geleistet hat.

Ein weiser Mann weiß, dass er für die Ernte von Reichtümern jeglicher Art zuerst die richtigen Leistungen aussäen muss, die ihn zur Ernte berechtigen.

Artikel V: Präzise denken

Die Macht Ihrer Gedanken ist das Einzige, das Sie vollkommen kontrollieren können. Um diese Macht wirksam zu nutzen, müssen Sie präzise denken. Die besondere Beschaffenheit dieses exklusiven Privilegs zeigt sich daran, dass der Schöpfer es dem Menschen vorbehalten hat als ein Merkmal, das ihn von allen anderen Lebewesen unterscheidet.

Präzise Denker gestatten niemandem, ihnen das Denken abzunehmen. Erfolgreiche Menschen haben ein festgelegtes System, mit dem sie akkurat zu Entscheidungen gelangen. Sie tragen Informationen zusammen und holen sich die Meinungen anderer ein. Aber in der finalen Analyse behalten sie sich das Privileg vor, Entscheidungen zu treffen.

Präzises Denken beruht auf zwei wesentlichen Grundlagen: (1) induktives Folgern aufgrund der Annahme unbekannter Fakten oder Hypothesen, wenn diese Fakten nicht verfügbar sind, und (2) deduktives Folgern aufgrund bekannter Tatsachen oder dessen, was als Tatsache angesehen wird.

Der präzise Denker unternimmt immer zwei wichtige Schritte. Erstens trennt er Fakten von Fiktion oder Hörensagen, das sich nicht verifizieren lässt. Zweitens unterscheidet er Fakten in zwei Kategorien: wichtig und unwichtig.

Ein wichtiger Fakt ist einer, der Ihnen bei der Erreichung Ihres Ziels von Vorteil sein kann. Alle anderen sind unwichtig.

Es ist traurig, dass viele Menschen ihr Denken von irrelevanten Gerüchten und bedeutungslosen Tatsachen lenken lassen, die nur zu Kummer und Misserfolg führen.

Der präzise Denker erkennt, dass die meisten von anderen geäußerten »Meinungen« wertlos, ja sogar gefährlich sind, wenn man sie für bare Münze nimmt, denn sie beruhen auf Voreingenommenheit, Vorurteilen, Intoleranz, Egoismus, Angst und Mutmaßungen.

Ein präziser Denker verschließt sich gegenüber Menschen, die ein Gespräch mit der abgedroschenen Formulierung »Man sagt ja, dass …« beginnen, denn er weiß, dass darauf nur leeres Geschwätz folgt.

Kein Verlass auf Emotionen

Der präzise Denker weiß, dass niemand das Recht hat, zu irgendeinem Thema eine Meinung zu äußern, sofern diese nicht auf verlässlichen Fakten basiert. Diese Regel würde einen Großteil des sogenannten Denkens weite Teile der Menschheit als wertlos ausblenden.

Dem präzisen Denker ist bewusst, dass kostenlose »Ratschläge« – die ungefragt von Freunden und anderen erteilt werden – im Allgemeinen keinerlei Beachtung verdienen. Wenn er einen Rat braucht, sucht er sich dafür eine verlässliche Quelle und bezahlt auf irgendeine Weise dafür. Er weiß, dass nichts von Wert ohne Gegenleistung zu haben ist.

Der präzise Denker weiß, dass seine Emotionen nicht immer verlässlich sind. Er schützt sich vor ihrem möglicherweise schädlichen Einfluss, indem er sie durch die Kraft der Vernunft und die Regeln der Logik sorgfältig untersucht und bewertet.

James B. Duke hatte keine richtige Schulbildung und lernte niemals zu schreiben, aber er entwickelte eine gedankliche Präzision, die ihn zu einem der reichsten Männer der Welt machte. Mit Banalitäten oder unwichtigen Fakten verschwendete er keine Zeit.

Entscheidungen traf er schnell, sobald ihm die Tatsachen bekannt waren.

Eines Tages traf er einen alten Freund, der entsetzt war zu hören, dass Duke zweitausend Tabakgeschäfte eröffnen wollte. »Mein Partner und ich haben schon genug Ärger mit nur zwei Läden«, sagte der Freund, »und du willst gleich zweitausend aufmachen. Das ist ein Fehler, Duke.«

»Ein Fehler!«, rief Duke aus. »Ich habe mein ganzes Leben lang Fehler gemacht, und wenn irgendetwas mir geholfen hat, dann die Tatsache, dass ich mich nie damit aufhalte, darüber zu reden. Ich mache einfach weiter und begehe noch weitere.«

Manche waren richtig

Also machte Duke weiter mit seiner Tabakladenkette, die schließlich einen wöchentlichen Umsatz von zwei Millionen Dollar erwirtschaftete. Er gab mehrere Millionen aus, um die Duke University zu errichten, und das war nur ein kleiner Teil der Reichtümer, die er durch seine schnellen, präzisen Entscheidungen angehäuft hatte, von denen einige richtig waren.

Elbert Hubbard definierte eine Führungskraft als »einen Mann, der viele Entscheidungen trifft, und manche davon sind richtig«.

Natürlich erfordert präzises Denken die höchste Stufe der Selbstdisziplin, ein Thema, das so eng mit dem präzisen Denken verknüpft ist, dass wir es im nächsten Artikel besprechen werden.

Rasche und präzise Entscheidungen sind die beiden wichtigsten Grundfesten des Erfolgs in allen Lebenslagen. Ohne mutige und ehrliche Selbstdisziplin sind sie jedoch nicht denkbar.

Artikel VI: Selbstdisziplin

Die häufigste Ursache individuellen Scheiterns ist die Unfähigkeit, mit anderen Menschen gut auszukommen. In den meisten Fällen liegt das an fehlender Selbstdisziplin.

Andrew Carnegie sagte einmal: »Wer sich selbst nicht disziplinieren kann oder will, muss sich der Disziplinierung durch andere unterwerfen.« Und er fügte hinzu: »Ich habe es immer zu einem Bestandteil meiner Geschäftsphilosophie gemacht, meine Mitarbeiter vor den Gefahren des Missbrauchs von Autorität und persönlicher Macht zu warnen, besonders jene, die erst vor Kurzem auf eine Autoritätsposition befördert wurden.

Neu gewonnene Macht ist so ähnlich wie neu gewonnener Reichtum; man muss sie gut im Auge behalten, damit ein Mensch nicht durch ihren Missbrauch zum Opfer seiner eigenen Macht wird. Hier leistet die Selbstdisziplin gute Dienste. Wenn man seine eigenen Gedanken und Handlungen unter Kontrolle hat, wendet man sie so zum Dienste anderer an, dass sie keinen Widerstand wecken, sondern vielmehr eine freundliche Zusammenarbeit fördern.«

Thomas A. Edison probierte über zehntausend verschiedene Ideen aus, ehe er die elektrische Glühbirne perfektionierte. Doch er besaß genügend Selbstdisziplin, um all diesen Niederlagen zu trotzen und zum Sieg zu gelangen. Seine Selbstdisziplin läutete das Zeitalter der Elektrizität ein, das die gesamte mechanische und industrielle Welt verwandelte und unzählige Millionen von Arbeitsplätzen schuf.

Selbstdisziplin ist nötig

Selbstdisziplin ist die einzige verlässliche Methode, um eine positive innere Einstellung zu entwickeln und aufrechtzuerhalten. Durch sie lernt man aus seinen Fehlern und entdeckt den Keim eines gleichwertigen Nutzens in allen Niederlagen und Misserfolgen.

Mit Ihrer Geisteskraft verfügen Sie über alles Notwendige, um von dort, wo Sie sind, dorthin zu gelangen, wo Sie im Leben stehen möchten. Doch diese Kraft birgt sowohl positives als auch negatives Potenzial, und nur Selbstdisziplin kann Ihnen dabei helfen, sie zum Erfolg zu lenken.

Selbstdisziplin ist unerlässlich für die Aufrechterhaltung der Gesundheit. Und durch sie konzentriert man sich darauf, was man vom Leben erwartet, und verhindert zugleich, durch Angst und Sorge die Dinge anzuziehen, die man nicht will.

Durch Selbstdisziplin von fast unvorstellbarem Ausmaß befreite Mahatma Gandhi Indien von der Herrschaft der Briten und zwar ohne Gewalt, ohne Militär und ohne Geld – eine in der Menschheitsgeschichte selten erzielte Leistung.

Aufgrund seines Mangels an Selbstdisziplin zerstörte Hitler sein Land, verursachte den Tod unzähliger Menschen und verlor sein eigenes Leben.

Gewinner des Erfolgs

Arthur Rubloff, der bekannte Immobilienhändler aus Chicago, leitet inzwischen ein Vierzig-Millionen-Dollar-Unternehmen. Durch Selbstdisziplin hat er es geschafft, sich vom Schuhputzerjungen bis zu seiner gegenwärtigen Position hochzuarbeiten. Er fasste den Plan, täglich drei Immobilieninteressenten aufzusuchen – ob bei Regen oder bei Sonnenschein, bei Schnee oder Eis. Das erforderte viel Zeit und viel Lauferei. Ihm blieb auch wenig Freizeit. Aber Rubloff befolgte seinen Plan über

Jahre hinweg, und er brachte ihm Erfolg. Ohne strikte Selbstdisziplin hätte er nicht mal einen Bruchteil davon erreichen können.

Henry Garfinkle aus New York begann als Dreizehnjähriger, den Passagieren der Staten-Island-Fähre Zeitungen zu verkaufen. Durch Selbstdisziplin überwand er Schwierigkeiten und besaß bald eine Konzession für den Fährterminal. Nach und nach expandierte er und erwarb sich einen Ruf als Experte für Vertriebsprobleme.

Als später eine Gruppe von Geschäftsleuten versuchte, die finanziell schwache Firma Greater Boston Distributors Inc. zu sanieren, holten sie sich Garfinkle als Troubleshooter hinzu. Sein Ansehen wuchs mit seinen Erfahrungen, und er wurde als Vertriebsexperte bekannt.

Nach und nach kaufte er Aktien der riesigen American News Co. und ihrer Tochterfirma Union News Co. In diesem Jahr erlangten er und einige enge Verbündete die Kontrolle über die beiden Unternehmen, und Garfinkle wurde zum Präsidenten gewählt. Seine Selbstdisziplin hatte sich auf großartige Weise ausgezahlt!

Schweigen ist Gold

Selbstdisziplin ermöglicht es, mehr Willenskraft zu mobilisieren und durchzuhalten, nicht aufzugeben, wenn schwierige Zeiten zu bewältigen sind und die Misserfolge sich aneinanderreihen.

Es gibt zwei Zeitpunkte im Leben eines Mannes, an denen er eine ausgeprägte Selbstdisziplin benötigt, um sich vor dem Ruin zu bewahren. Der eine ist, wenn er einen Misserfolg oder eine Niederlage erleidet, und der andere ist, wenn er zu höheren Erfolgsebenen aufsteigt.

Letztlich lehrt die Selbstdisziplin, dass Schweigen oft angemessener ist und mehr Vorteile bringt als das von Zorn, Hass,

Eifersucht, Gier, Intoleranz oder Angst geprägte gesprochene Wort. Und dadurch entwickelt man die unschätzbare Gewohnheit, über mögliche Konsequenzen nachzudenken, ehe man spricht.

Artikel VII: Der unschlagbare Mastermind

Zwei oder mehr Personen, die sich aktiv dafür einsetzen, mit positiver innerer Einstellung ein fest umrissenes Ziel zu erreichen, bilden eine unschlagbare Macht!

Durch das Mastermind-Prinzip kann man sich die gesamten Vorteile der Erfahrung, Übung, Bildung, spezialisierten Kenntnisse und Überlegenheit anderer erschließen und das so umfassend, als besäße man sie selbst.

Als Andrew Carnegie nach seinem Erfolgsgeheimnis in der Stahlbranche gefragt wurde, sagte er: »Ich persönlich habe keine Ahnung von den technischen Details der Stahlherstellung, aber ich habe ein Mastermind-Bündnis mit Männern, die über die notwendigen Kenntnisse verfügen.«

Henry Fords Geheimnis

Seine persönlichen Verpflichtungen in diesem Bündnis, so sagte er, bestanden darin, »die Stimmung perfekter Harmonie bei meinen Partnern aktiv aufrechtzuerhalten«. Er betonte, dass die Koordination von Aktivitäten, anders gesagt: die alltägliche Zusammenarbeit, nicht dasselbe ist wie ein Mastermind, weil sie nicht auf völliger Harmonie beruhen muss.

Das Mastermind-Bündnis zwischen Mr. und Mrs. Henry Ford war das wahre Geheimnis von Fords Erfolg. Als Ford sich abmühte, das erste Modell seines Automobils zu bauen, bat er den örtlichen Gießer, Teile im Wert von dreißig Dollar herzustellen und bis zum Ende des Monats auf das Geld zu warten. Der Gießer lehnte ab. Als Mrs. Ford davon erfuhr, überredete sie ihren Mann, sich das Geld von ihrem kleinen gemeinsamen Sparkonto zu »borgen«, was er unter Protest tat. Aufgrund ihres Mastermind-Bündnisses entstand das gigantische Ford-Unternehmen.

Das vielleicht größte Mastermind-Bündnis der Geschichte existierte zwischen Jesus von Nazareth und Seinen Jüngern. Und es war eine Tragödie, als einer Seiner Verbündeten Ihn betrog, genau wie es auch immer noch in geschäftlichen, beruflichen oder ehelichen Bündnissen geschieht, wenn ein Mitglied der Allianz sich zum Negativen wandelt und die völlige Harmonie zerschlägt.

Das wichtigste jemals verfasste Dokument, die Unabhängigkeitserklärung, wurde von sechsundfünfzig mutigen Männern eines Mastermind-Bündnisses unterzeichnet.

Die Murrays, die eine landesweite Kette von Tanzstudios betreiben, sind ein ausgezeichnetes Beispiel für die Kraft des Masterminds in Aktion.

Das gilt auch für die Film- und Fernsehstars Roy Rogers und Dale Evans. Durch eine harmonische spirituelle Mastermind-Verbindung haben Mr. und Mrs. Rogers eine große persönliche Tragödie überwunden und Tausenden Hoffnung geschenkt. Als ihre geistig behinderte kleine Tochter starb, verwandelten Dale und Roy ihren Kummer in eine Hilfsaktion für viele andere behinderte Kinder.

Harmonische Zusammenarbeit

Der Präsident der Vereinigten Staaten und sein Kabinett bilden eine der größten und mächtigsten Mastermind-Allianzen der Welt. Die Arbeitsbeziehung zwischen unserer Regierung und den Staaten ist ein weiteres Beispiel für die Macht, die durch ein Mastermind-Bündnis entsteht.

Alle menschlichen Errungenschaften, die über das Mittelmaß hinausgehen, sind das Ergebnis einer harmonischen Zusammenarbeit – des Mastermind-Prinzips.

Lee S. Mytinger und Dr. William S. Casselberry aus Long Beach, Kalifornien, gründeten vor etwa zehn Jahren eine Mastermind-Allianz, um ein Nahrungsergänzungsmittel namens Nutrilite zu vertreiben. Sie erweiterten ihr Mastermind-Bündnis, das inzwischen viele Tausend Nutrilite-Vertreter umfasst. Ihr Jahresumsatz liegt bei dreißig Millionen Dollar, und das Ganze hat praktisch ohne Kapital angefangen.

Auch Sie können durch ein Mastermind-Bündnis zum Erfolg gelangen. Indem Sie sich mit mindestens einer anderen Person in perfekter Harmonie zusammenschließen, um ein gemeinsames Ziel zu erreichen, können Sie sich zu Höhen emporschwingen, die allein kaum zu erklimmen sind.

Artikel VIII: Glauben Sie an sich selbst

In einer Einraumhütte in Kentucky lag ein kleiner Junge auf dem Kaminofen und lernte zu schreiben. Er verwendete die Rückseite einer Holzschaufel als Tafel und ein Stück Holzkohle als Stift.

Eine freundliche Frau stand neben ihm und ermunterte ihn weiterzumachen. Die Frau war seine Stiefmutter. Der Junge wurde zum Mann, ohne Zeichen von Außergewöhnlichkeit zu zeigen. Er studierte Jura, doch sein Erfolg auf diesem Gebiet war bescheiden.

Mit einem Laden versuchte er es, trat in die Armee ein, doch beides brachte ihn nicht groß weiter. Alles, was er berührte, schien zu einem Misserfolg zu verdorren. Dann soll eine große Liebe in sein Leben getreten sein. Das endete mit dem Tod der geliebten Person. Doch der Kummer über diesen Tod reichte tief in die Seele des Mannes hinein, und dort begegnete er der geheimen Kraft, die nur aus dem Inneren kommt.

Die Kraft wirken lassen

Er erfasste diese Kraft und ließ sie wirken. Sie machte ihn zum Präsidenten der Vereinigten Staaten. Sie beendete die Sklaverei in Amerika. Und sie bewahrte die Union vor der Auflösung.

Diese Kraft, die von innen kommt, kennt keine sozialen Schichten, keine unüberwindlichen Hindernisse, keine unlösbaren Probleme. Sie steht den Armen und den Bescheidenen ebenso zur Verfügung wie den Reichen und den Mächtigen. Sie ist im Besitz aller, die präzise denken. Niemand kann ihre Wirkung entfalten als Sie selbst.

Welche seltsame Angst befällt den Verstand der Menschen und schneidet ihnen den Zugang zu dieser geheimen Macht ab, die sie zu den höchsten Errungenschaften tragen kann?

Wie und warum wird die große Mehrheit der Menschen zum Opfer eines negativen hypnotischen Rhythmus, der ihre Fähigkeit zerstört, die geheime Kraft ihres eigenen Geistes zu nutzen?

Der Zugang zu jeglichem Genie ist vorgezeichnet. Es ist jener Weg, den alle großen Männer gegangen sind, die zu unserem American Way of Life beigesteuert haben.

Die Kraft erschließen

»Wie kann man die geheime Kraft erschließen, die von innen kommt?«, fragen Sie. Schauen wir mal, wie andere das gemacht haben.

Ein junger Geistlicher namens Frank Gunsaulus hatte lange den Wunsch gehegt, eine neue Art von College zu gründen. Er wusste genau, was er wollte, aber das Problem war, dass er dafür eine Million in bar brauchte.

Er fasste einen Plan, um die Million zu bekommen. Entschlussfreudigkeit, beruhend auf Zielstrebigkeit, bildete somit den ersten Schritt seines Plans. Dann schrieb er eine Predigt mit dem Titel »Was ich mit einer Million Dollar machen würde«. Er inserierte in den Zeitungen von Chicago, dass er am kommenden Sonntagmorgen zu diesem Thema sprechen würde.

Am Ende der Predigt näherte sich ein Fremder, den der Geistliche nie zuvor gesehen hatte, der Kanzel und sagte: »Ihre Predigt hat mir gefallen. Sie können in mein Büro kommen, dann gebe ich Ihnen die Million, die Sie brauchen.«

Der Fremde war Philip Armour, der Gründer der Fleischfabrik Armour & Co.

Angewandter Glaube

Das ist die Summe und der Kern dessen, was geschah, und die Macht, die das geschehen ließ, war angewandter Glaube – durch Handeln untermauerter und nicht bloß passiver Glaube.

Richtig verstandener Glaube ist immer aktiv. Passiver Glaube hat nicht mehr Kraft als ein Dynamo im Stillstand. Um Energie zu erzeugen, muss die Maschine in Bewegung gesetzt werden. Aktiver Glaube kennt keine Angst, keine selbst auferlegten Grenzen. Gestärkt durch den Glauben ist der schwächste Sterbliche mächtiger als die Katastrophe, stärker als das Scheitern, kraftvoller als die Angst.

Oft bringen die Unglücksfälle des Lebens den Menschen an Wegkreuzungen, die ihn zwingen, sich zwischen den Straßen des Glaubens und der Angst zu entscheiden. Was veranlasst die große Mehrheit dazu, die Angststraße zu nehmen? Die Wahl hängt von der geistigen Einstellung ab, und der Schöpfer hat die menschlichen Stärken so geschaffen, dass jeder über seine eigenen bestimmen kann.

Die Glaubensstraße

Wer die Glaubensstraße nimmt, hat den Glauben in seinem Geist verankert. Er hat ihn sich nach und nach ganz zu eigen gemacht, indem er in den Details seiner täglichen Arbeit rasche und mutige Entscheidungen und Maßnahmen getroffen hat. Wer die Angststraße nimmt, tut das, weil er es versäumt hat, sich eine positive Einstellung zuzulegen.

Suchen Sie so lange, bis Sie den Zugangspunkt zu dieser geheimen Kraft von innen finden. Und sobald Sie ihn erkennen, haben Sie Ihr wahres Ich entdeckt – jenes »andere Ich«, das sich jede Erfahrung des Lebens zunutze macht. Ob Sie nun eine bessere Mausefalle konstruieren, ein besseres Buch schreiben oder eine bessere Predigt halten: Die Welt wird dann einen Trampelpfad zu Ihrer Haustür schaffen, Sie anerkennen und angemessen belohnen. Der Erfolg gehört Ihnen, egal wer Sie sind oder welcher Art und Größe Ihre vergangenen Misserfolge gewesen sein mögen.

Artikel IX: Eine angenehme Persönlichkeit

Ihre Persönlichkeit ist der Musterkoffer, der zeigt, was Sie zu bieten haben. Zum Glück kann jeder eine angenehme Persönlichkeit entwickeln, der genügend Selbstdisziplin besitzt, um seine Fehler zu erkennen und zu korrigieren. Wenn diese Aufgabe ordentlich erfüllt wird, kann eine angenehme Persönlichkeit zu Ihrem größten Aktivposten werden – denn damit meistern Sie Ihr Leben zu Ihren eigenen Bedingungen.

Franklin D. Roosevelt optimierte seine Persönlichkeit mit solcher Sorgfalt, dass er zu einem unserer beliebtesten Präsidenten wurde. Sie leistete ihm so gute Dienste, dass er vier Amtszeiten lang zum Präsidenten gewählt wurde.

Präsident Eisenhower mit seiner zuverlässigen Herzenswärme ist ein weiteres Beispiel für die Höhen, zu denen ein Individuum sich durch eine angenehme Persönlichkeit emporschwingen kann.

Ihre Persönlichkeit besteht aus der Gesamtheit all der geistigen und körperlichen Eigenschaften, die Sie von allen anderen unterscheiden, sei es zum Guten oder zum Schlechten. Sie ist der wichtigste Faktor, wenn es darum geht, ob Sie gemocht oder abgelehnt werden. Durch Ihre Persönlichkeit handeln Sie die Bedingungen Ihres Lebensweges aus. Und sie bestimmt Ihr Verhandlungsgeschick, mit dem Sie andere zu einer guten Zusammenarbeit bewegen können.

Persönlichkeitsbonus

Charles M. Schwabs angenehme Persönlichkeit machte ihn von einem Tagelöhner zu einer Top-Führungskraft mit einem Jahresgehalt von fünfundsiebzigtausend Dollar, und oft erhielt er einen Bonus von eine Million Dollar. Sein Arbeitgeber Andrew Carnegie sagte, das Jahresgehalt sei für die Arbeit, die Schwab leiste, der Bonus jedoch für all das, wozu er andere mit seiner angenehmen Persönlichkeit motivieren könne.

Wollen Sie eine »Millionen-Dollar-Persönlichkeit«? Sie können sie haben, wenn Sie:

1. eine positive innere Einstellung entwickeln, die Sie andere sehen und spüren lassen;
2. Ihre Stimme trainieren, sodass Sie durch einen sorgfältig disziplinierten, freundlichen Tonfall gefallen;
3. Ihren Geist wach und aufnahmefähig halten, wenn andere mit Ihnen sprechen. Im Mittelpunkt zu stehen mag dem Ego schmeicheln, aber es wirkt nicht anziehend und verschafft Ihnen keine Freunde;
4. in all Ihren Beziehungen zu anderen flexibel sind. Passen Sie sich an alle Umstände an, ob sie nun erfreulich sind oder nicht, ohne die Haltung zu verlieren oder in die Luft zu gehen. Denken Sie daran, dass Schweigen viel wirkungsvoller sein kann als zornige Worte;

Geduld entwickeln

5. Geduld entwickeln. Bedenken Sie, dass die Wahl des richtigen Zeitpunkts für Sprechen und Handeln Ihnen gegenüber ungeduldigen Menschen einen großen Vorteil verschaffen kann. Wenn Sie im Verkauf tätig sind, sollten Sie den letzten Satz vielleicht zwei- oder dreimal lesen;

6. allen Themen und Menschen gegenüber offen sind. Gute Gelegenheiten durchbrechen niemals die Türen eines verschlossenen Geistes. Intoleranz führt nicht zu Weisheit;
7. in Gesprächen zu lächeln lernen, damit die anderen Sie als freundlichen Menschen erkennen. Franklin D. Roosevelts »Millionen-Dollar-Lächeln« war seine größte Gabe;
8. taktvoll in Worten und Verhalten sind. Denken Sie daran, dass nicht alle Ihre Gedanken ausgesprochen werden müssen, so wahr sie auch sein mögen;
9. rasch Entscheidungen treffen, sobald Sie alle notwendigen Fakten kennen, auf denen sie gründen sollten. Denken Sie daran, dass Prokrastination anderen einen negativen Charakterzug offenbart, der in gewisser Weise mit Angst verbunden ist;

Jeden Tag eine gute Tat

10. mindestens eine gute Tat am Tag vollbringen, mit der Sie eine oder mehrere Personen loben oder voranbringen, ohne dafür eine Belohnung zu erwarten. Sie können zusehen, wie die Liste Ihrer Freunde sich verlängert;
11. im Falle einer Niederlage nicht darüber nachgrübeln, sondern sorgfältig nach dem »Keim des gleichwertigen Nutzens« suchen, den sie mit Sicherheit enthält. Zeigen Sie Ihre Dankbarkeit dafür, ein Maß an Weisheit gewonnen zu haben, das ohne Misserfolg nicht eingetreten wäre;
12. immer daran denken, dass der Mensch, mit dem Sie zu irgendeinem beliebigen Zeitpunkt sprechen, in genau diesem Augenblick der wichtigste auf der Welt ist. Sie können ihn sich gewogen machen, indem Sie ihm Fragen stellen und ihm eine Gelegenheit zum Reden geben;
13. die guten Eigenschaften anderer loben, aber nicht darauf herumreiten, wo es unverdient ist, oder zu dick auftragen;

14. schließlich jemanden, dem Sie vertrauen und der den Mut hat, aufrichtig zu Ihnen zu sein, darum bitten, Sie auf Persönlichkeitsmerkmale hinzuweisen, auf die Sie verzichten können.

Artikel X: Initiative entwickeln

»Mach es, dann hast du auch die Kraft dazu«, sagte Emerson. Es gibt kaum eine menschliche Gewohnheit mit größerer Zerstörungskraft als die des Hinauszögerns – auf morgen zu verschieben, was schon letzte Woche hätte erledigt sein sollen. Persönliche Initiative ist das einzige Heilmittel dagegen.

Menschen, die in allen Lebenslagen erfolgreich sind, denken und handeln aus eigener Initiative heraus. Es gibt zwei Formen des Handelns: (1) das aus freier Wahl und (2) das durch die Notwendigkeit aufgezwungene.

Wir leben in einem Land, das auf der ganzen Welt für sein großes Privileg bekannt ist, den Reichen wie den Armen gleichermaßen persönliche Freiheit einzuräumen. Das ist vielleicht der wichtigste Faktor unseres freien Wirtschaftssystems.

Das Privileg der persönlichen Initiative wurde als so bedeutsam empfunden, dass es in der Verfassung der Vereinigten Staaten jedem Bürger zugesichert wird. Und es ist von so großer Wichtigkeit, dass jedes gut geführte Unternehmen Mitarbeiter anerkennt und angemessen belohnt, die ihre Initiative für geschäftliche Verbesserungen einsetzen.

Kündigung abgelehnt

Als Andrew Carnegie ein junger Angestellter im Büro des Abteilungsvorstands der Pennsylvania Railroad Co. in Pittsburgh war, kam er eines Tages zur Arbeit, noch ehe sein Chef eingetroffen war, und erfuhr, dass es kurz vor der Stadt ein schlimmes Zugunglück gegeben hatte. Hektisch versuchte er, seinen Vorgesetzten telefonisch zu erreichen.

In seiner Verzweiflung tat er schließlich etwas, von dem er wusste, dass es aufgrund der strengen Unternehmensregeln seine automatische Entlassung nach sich ziehen konnte. Im Bewusstsein, dass jede Minute der Verzögerung das Eisenbahnunternehmen ein Vermögen kostete, telegrafierte er dem Zugführer des verunglückten Fahrzeugs Anweisungen, was er zu tun hatte. Er schrieb den Namen seines Vorgesetzten unter die Nachricht.

Als sein Chef einige Stunden später an seinen Schreibtisch trat, fand er Carnegies Kündigungsschreiben und eine Erklärung dessen, was er getan hatte. Der Tag verging, und nichts geschah. Am nächsten Tag wurde Carnegie die Kündigung zurückgeschickt, und in roter Tinte stand quer darüber: »KÜNDIGUNG ABGELEHNT!«

Einige Tage später rief der Vorgesetzte Carnegie in sein Büro und sagte: »Junger Mann, es gibt zwei Arten von Menschen, die niemals vorankommen und es zu nichts bringen: Die einen tun einfach nicht, was man ihnen sagt, und die anderen tun nicht mehr, als man ihnen sagt.«

Eine lohnende Idee

Diese Erläuterung war eine Predigt zum Thema persönliche Initiative in einem kurzen Satz. Sie können sie sich abschreiben und auf den Spiegel kleben, um sie täglich lesen zu können.

Vor ein paar Jahren erholte sich George Stefek aus Chicago im Hines Veterans Hospital. Während er dort lag, hatte er eine Idee. Sie war ganz einfach. Jeder andere hätte sie auch haben können.

Das Entscheidende ist aber, dass Stefek sofort handelte, nachdem er aus dem Krankenhaus entlassen worden war. Heute zahlt sich diese Idee ordentlich aus.

Er bemerkte, dass die aus der Reinigung zurückkommenden Hemden mit einem weißen Stück Karton verstärkt wurden. Er fand heraus, dass diese Kartons die Wäschereien drei Dollar pro tausend Stück kosteten. Stefeks Idee war, auf diesen Kartonstücken Werbeflächen zu verkaufen. Im Ergebnis konnte er sie den Reinigungen für einen Dollar pro tausend Stück anbieten. Jetzt sparen die Wäschereien Geld, die Werbenden haben ein neues Medium, um ihre Interessenten zu erreichen, und George Stefeks American Shirtboard Advertising Co. ist ein florierendes Geschäft.

Clarence Saunders aus Memphis, Tennessee, sah eine lange Menschenschlange in einem damals neuartigen Restaurant warten, einer Cafeteria mit Selbstbedienung. Er setzte seine Fantasie in Gang und schmiedete den Plan, das Selbstbedienungsprinzip für seinen Arbeitgeber, einen Lebensmittelhändler, »auszuleihen«.

Startschuss für den Supermarkt

Als er dem Lebensmittelhändler von seiner Idee erzählte, wurde ihm beschieden, dass er für das Auspacken und Einräumen von Lebensmitteln bezahlt werde und nicht dafür, seine Zeit mit albernen, undurchführbaren Ideen zu vergeuden. Nachdem Clarence seinen Job verloren hatte, setzte er seinen Selbstbedienungsplan unter dem Namen Piggly Wiggly um, was ein paar Jahre dauerte. Aber schon in den ersten vier Jahren, in denen das Unternehmen dann tatsächlich eröffnet war, machte er einen Umsatz von vier Millionen Dollar. Zudem wurde sein Plan von anderen Händlern übernommen und ist jetzt die gängige Handelsmethode in unseren großen Supermärkten.

Indem er dem Menschen die absolute Kontrolle über sein Denkvermögen gab, beabsichtigte der Schöpfer zweifellos, dass er dieses Privileg durch seine eigene Initiative zur Anwendung bringt.

Die überbeanspruchte Ausrede des Hinauszögerers – »Ich hatte keine Zeit« – hat wahrscheinlich mehr Misserfolge verursacht als alle anderen Ausreden zusammengenommen. Wer vorankommt und sich seinen Raum schafft, findet *immer* Zeit, um sich auf eigene Initiative hin und zu seinem Vorteil in jede notwendige Richtung fortzubewegen.

Artikel XI: Begeisterung öffnet viele Türen

»Nichts Großes kann jemals ohne Begeisterung erreicht werden«, sagte Emerson. Im großen mormonischen Gotteshaus in Salt Lake City wurde ein Gastredner dazu eingeladen, fünfundvierzig Minuten zu sprechen. Seine Rede dauerte über zwei Stunden. Als er geendet hatte, sprangen zehntausend Männer und Frauen auf und applaudierten ihm fünf Minuten lang.

Was sagte der Redner? Das war nicht so wichtig wie die Art, wie er es sagte. Die Menge wurde mitgerissen von seiner Begeisterung. Es ist zu bezweifeln, dass auch nur ein Einziger sich an den Inhalt seiner Worte erinnern kann.

Louis Victor Eytinge saß im Staatsgefängnis von Arizona eine lebenslange Haftstrafe ab. Er hatte keine Freunde. Er hatte keinen Anwalt, kein Geld. Aber er hatte Enthusiasmus, den er so wirkungsvoll einsetzte, dass es ihm die Freiheit brachte.

Eytinge schrieb einen Brief an den Schreibmaschinenhersteller Remington, schilderte seine missliche Lage und bat darum, ihm eine Schreibmaschine auf Kredit zu verkaufen. Die Firma machte etwas noch Besseres. Sie schenkte ihm eine.

Verdiente Begnadigung

Er begann Firmen anzuschreiben und sie um ihre Werbebroschüren zu bitten, die er umschrieb und dann zurücksandte. Er war ein solch guter Werbetexter, dass er bald darauf freiwillige

Spenden erhielt und somit über genug Geld verfügte, um einen Anwalt zu engagieren.

Seine Arbeit weckte die Aufmerksamkeit einer großen New Yorker Werbeagentur, die in Zusammenarbeit mit seinem Rechtsanwalt seine Begnadigung erwirkte. Als er das Gefängnis verließ, erwartete ihn der Agenturchef mit den Worten: »Tja, Eytinge, Ihre Begeisterung hat sich als stärker herausgestellt als die eisernen Gitterstäbe dieses Gefängnisses.«

Die Werbeagentur hatte eine Stelle mit einem Jahresgehalt von zehntausend Dollar für ihn frei.

Die Miami-Geschichte

Während der jüngsten Wohnungsknappheit verbrachte W. Clement Stone aus Chicago, Präsident der Combined Insurance Company of America, mit seiner Familie einen Urlaub in Miami. Als er sich bei einem Immobilienmakler vorstellte, um ein Haus zu mieten, lachte dieser ihn aus.

»Also ehrlich«, rief er, »in dieser Stadt finden Sie um keinen Preis der Welt ein Haus, das Sie mieten können!«

Stone lächelte und sagte: »Das werden wir ja sehen.«

Seine Familie wartete derweil in einer Hotellobby. Er rief sich ein Taxi und fuhr systematisch die Stadt ab. Schließlich entdeckte er ein großes eingezäuntes Grundstück mit einem »Zu-verkaufen«-Schild. Er ließ sich vom Verwalter die Nummer des Eigentümers geben, rief diesen in einer anderen Stadt an und überredete ihn, ihm das Haus zu einem sehr bescheidenen Preis zu vermieten, und zwar auf Grundlage der Theorie, dass ein bewohntes Haus sich sehr viel rascher verkaufen lassen würde als ein leer stehendes.

Zwei Dinge hatten hier ihre Wirkung getan: ein vernünftiges Verkaufsgespräch und Begeisterung. Mit Logik allein wäre das nicht zu schaffen gewesen.

Frei nach Billy Graham

Oral Roberts und Billy Graham, die vor beispiellosen Massen auf aller Welt predigen, erzielen Übertritte zum Christentum in unvorstellbaren Größenordnungen: Würden sie ihr Amt nicht mit Begeisterung ausüben, so könnten sie keinerlei Wirkung mehr erzielen.

Clarence Darrow war der vielleicht größte Rechtsanwalt, den dieses Land je hervorgebracht hat. Sein Erfolg verdankte sich zu einem Großteil seiner fantastischen Fähigkeit, Begeisterung zu zeigen und diese auch bei seinen Zuhörern auszulösen, sowohl bei den Richtern als auch bei den Geschworenen. In puncto Rechtskenntnis war Darrow nicht besser als die Mehrzahl aller Anwälte seiner Zeit.

Irgendjemand – und ich wünschte, ich wäre derjenige gewesen – hat einmal gesagt: »Im Himmel wird jubiliert und in der Hölle mit den Zähnen geknirscht, wenn der liebe Gott einen Menschen auf Erden wandeln lässt, der über ein unbegrenztes Maß an Glauben und Begeisterung verfügt.«

Wie kommt man zu dieser Begeisterung? Indem man in Gedanken, Worten und Taten begeistert agiert. Es gibt einen Versicherungsvertreter, vielleicht der beste Verkäufer auf diesem Gebiet, der sich allabendlich ein Telegramm schickt, sodass er es am nächsten Morgen beim Frühstück erhält. Darin steht, wie viele Versicherungen er an diesem Tag verkaufen wird. Und das tut er auch. Manchmal geht er sogar noch weit über die von ihm festgelegte Zahl hinaus.

Die Telegramme sind unterzeichnet mit *DOKTOR BEGEISTERUNG.*

Wenn Sie glauben, dieses Vorgehen sei unrealistisch oder sogar albern, erinnern Sie sich einfach daran, dass dieser Mann alle anderen Vertreter in einer der größten Lebensversicherungsagenturen Amerikas anleitet.

Artikel XII: Entschlossenheit ist Führungsstärke

Es gibt eine menschliche Eigenschaft, die auf dem Weg zum Erfolg alle anderen aussticht, und das ist die unerschütterliche Gewohnheit, noch mehr Willenskraft zu investieren, statt aufzugeben, wenn die Lage schwierig ist und das Scheitern unmittelbar bevorzustehen scheint.

Die Entwicklung dieser Gewohnheit beginnt mit einer festen Zielsetzung, die durch präzises Denken, angewandten Glauben und Selbstdisziplin glühende Begeisterung entfacht.

Henry Fords Erfolg verdankte sich größtenteils der Tatsache, dass er alle seine Ressourcen – die spirituellen, geistigen, physischen und finanziellen – auf sein festgelegtes Hauptziel richtete, die Herstellung eines preiswerten, zuverlässigen Automobils.

Seine beharrliche Entschlossenheit zeigte sich darin, dass er seinen Technikern die Anweisung gab, einen Motorblock in einem Stück herzustellen statt in zweien, wie es zuvor üblich gewesen war.

»Unmöglich«, sagten die Ingenieure.

»Sie verwenden dieses Wort zu leichtfertig!«, zürnte Ford. »Probieren Sie es einfach!«

Ein Monat verging ohne einen Motorzylinderblock. Ford rief alle seine Ingenieure zusammen und sagte: »Meine Herren, wenn ich innerhalb einer Woche keinen vernünftigen Zylinderblock in einem Stück habe, steht hier eine neue Mannschaft von Technikern, die Ihre Plätze einnehmen werden.«

Im Handumdrehen war der Zylinderblock fertig.

Der Komiker Danny Thomas bemühte sich jahrelang um eine Lösung, mit der er in seinem geliebten Showgeschäft bleiben und trotzdem jeden Abend nach Hause zu seiner Familie gehen konnte. Indem er seine Geisteskraft durch intensiven angewandten Glauben auf dieses Ziel konzentrierte, fand er die Antwort auf seinen Wunsch im Fernsehen.

Die meisten erfolgreichen Menschen in allen Berufen sind jene mit einem sogenannten »eingleisigen Denken«. Das heißt, dass sie ihre Konzentration immer nur auf jeweils eine Sache richten.

Als Jugendlicher kam Martin W. Littleton einmal in den Krämerladen seiner kleinen texanischen Heimatstadt, wo eine Gruppe Ortsansässiger sich am Ofen aufwärmte.

»Martin«, rief einer von ihnen stichelnd, »was willst du denn mal machen, wenn du erwachsen bist?«

Martin sah dem Spaßvogel direkt in die Augen und erwiderte: »Ich werde der beste Rechtsanwalt der Vereinigten Staaten.«

Durch seine Konzentration auf das Jurastudium setzte Martin Littleton diese Behauptung in die Tat um. Er wurde zum bestbezahlten Anwalt Amerikas und arbeitete für viele große Konzerne, zum Beispiel Standard Oil.

F. W. Woolworth konzentrierte sich auf Fünf- und Zehn-Cent-Läden und machte sich damit ungeheuer reich. Marconi konzentrierte sich auf das Studium der drahtlosen Kommunikation und durfte miterleben, wie sein Einsatz die Grundlage für Radio, Fernsehen und Radar schuf.

Noah Webster konzentrierte sich ebenfalls auf ein Ziel und schenkte uns das moderne englische Wörterbuch.

Grenzenlose Bandbreite

Die Bandbreite der Ziele, auf die ein Mensch sich durch Konzentration erfolgreich ausrichten kann, ist grenzenlos. Jedes Lebewesen unterhalb des Menschen konzentriert seine Bestrebungen auf nicht mehr als zwei Ziele: Fortpflanzung und Ernährung.

Andere physikalische Manifestationen des Gesetzes der Konzentration bieten die Sonne, die mit ununterbrochener Regelmäßigkeit auf- und untergeht, Wasser, das gemäß dem Gesetz der Schwerkraft abwärts fließt, die Jahreszeiten, die unweigerlich eintreten, und jedes Lebewesen einschließlich des Menschen, das sich in seiner eigenen Art vermehrt.

Dies ist der Beweis, dass das Gesetz der Konzentration nicht vom Menschen geschaffen ist, denn kein menschliches Bemühen konnte jemals irgendeine dieser Manifestationen der göttlichen Zielsetzung aufhalten.

Bestimmen Sie, was Sie sich vom Leben am meisten wünschen. Setzen Sie dies als Ihr Hauptziel fest. Beginnen Sie jetzt sofort, Ihr Ziel anzusteuern. Wenn sich Ihnen Hindernisse in den Weg stellen, die das Vorankommen erschweren, gehen Sie sie mit aller Ihnen zu Gebote stehenden Begeisterung an, und siehe da, Sie sind auf dem richtigen Weg.

Sie werden auf der »Erfolgswelle« reiten, die Sie unweigerlich zur Ziellinie trägt. Probieren Sie es aus! Es funktioniert.

Artikel XIII: Die goldene Regel der Zusammenarbeit

Es gibt zwei Arten von Zusammenarbeit. Die eine ist motiviert von Angst oder Notwendigkeit. Die andere beruht auf freiwilliger Bereitschaft. Zusammenarbeit ist unverzichtbar zu Hause, im Beruf, im sozialen Leben. Sie ist eine absolute Notwendigkeit in unserer Regierungsform und unserer freien Marktwirtschaft.

Teamwork lässt sich nur schaffen, wenn man die freundschaftliche Koordination der Bemühungen mit den richtigen Beweggründen angeht.

Andrew Carnegies Methode der Teamarbeit ist unübertroffen.

Erstens schuf er durch Beförderungen und Boni einen monetären Anreiz, der zu jedem individuellen Arbeitsplatz passte und so gestaltet war, dass ein Teil des Einkommens davon abhing, wie gut die eigenen Leistungen waren.

Zweitens tadelte er niemals einen Mitarbeiter öffentlich. Aber er brachte die Angestellten dazu, sich selbst zu maßregeln, indem er ihnen Fragen stellte, die präzise in die erforderliche Richtung wiesen.

Drittens traf er niemals Entscheidungen für seine Führungskräfte. Er ermutigte sie dazu, dies selbst zu tun und für die Ergebnisse einzustehen.

Erfolg der oberen Ebenen

Erfolg auf den oberen Leistungsebenen wird nur durch Teamwork erzielt. Das bedeutet, ebenso sehr Kooperation *anzubieten* wie auch *anzunehmen.*

Selbstsüchtigen Führungskräften bringen Angestellte nur wenig Willen zur Kooperation entgegen, denn Zusammenarbeit ist ein bisschen wie Liebe: Man muss sie geben, um sie zu bekommen.

Wenn Sie schon mal mit Capital Airlines geflogen sind, haben Sie sicher bemerkt, wie die Freundlichkeit der Crew sich auf die Passagiere überträgt. Diese Freundlichkeit ist kein Zufall. Sie geht vom Präsidenten von Capital Airlines und seinem Assistenten aus und zieht sich durch bis hinunter zu den bescheidensten Positionen.

Dieselbe freundliche Zusammenarbeit findet sich bei Captain Eddie Rickenbackers Eastern Air Lines. Rickenbacker ist bekannt als Vorgesetzter, der Teamwork fördert. Im Ersten Weltkrieg, als er persönlich sechsundzwanzig deutsche Flugzeuge abschoss, trieb seine Führung die legendäre Staffel »Hat in the Ring« auf die Spitze des Ruhms. Und im Zweiten Weltkrieg schmiedete sein persönliches Beispiel eine Gruppe von Fliegern zu einem Team zusammen und ermöglichte es ihnen, ihrem Schicksal zu trotzen, das sie fast einen Monat lang auf einem offenen Floß im Pazifik treiben ließ.

Einfluss auf andere

William James, ein Professor an der Harvard University, sagte einmal: »Wenn Sie andere dazu bringen können, mit Ihnen auf freundschaftliche Weise zu kooperieren, dann können Sie mit geringem oder ganz ohne Widerstand alles durchsetzen, was Sie wollen.« Eine recht kühne Behauptung, aber es stimmt tatsächlich.

Schauen Sie sich erfolgreiche Firmen wie die Bell Telephone Co. oder irgendeines der Elektrizitätsunternehmen an, und Sie werden feststellen, dass von oben nach unten weitergegebenes Teamwork ihre Besonderheit darstellt.

Wenn Sie eine Sportmannschaft finden, die besonders erfolgreich spielt, werden Sie merken, dass nicht ein Einzelner dafür verantwortlich ist, abgesehen vielleicht vom Trainer, der seine Spieler dazu anregt, persönlichen Ruhm dem Erfolg des Teams unterzuordnen. Knute Rockne von Notre Dame war ein ausgezeichnetes Beispiel für eine Führungspersönlichkeit, die Teamwork anregen konnte.

Es ist schwer, eine angemessene Interpretation der Triebkräfte zu liefern, die zu freundschaftlicher Zusammenarbeit führen, ohne sich auf die Bergpredigt zu beziehen. Noch keine bessere Methode wurde entdeckt, um eine gute Zusammenarbeit zu erzielen, als die Anwendung der goldenen Regel.

Es gibt ein Gesetz der Wechselwirkung, das auch in seiner Negativform existiert – dem Gesetz der Vergeltung. Beide sind tief in der menschlichen Natur verankert. Durch sie erschließt sich die Bedeutung des Bibelzitats »Denn was der Mensch sät, das wird er ernten«. Denn was immer Sie für oder gegen einen anderen tun, tun Sie auch für oder gegen sich selbst.

Arbeiten Sie gut mit Ihrem Team zusammen, und Ihr Team wird Ihnen zum Erfolg verhelfen.

Artikel XIV: Lernen aus dem Misserfolg

Jede Widrigkeit, jedes Scheitern und jede unangenehme Erfahrung trägt in sich den Keim eines gleichwertigen Vorteils, der sich als getarnter Segen erweisen kann.

Scheitern und Misserfolg sind die allgemeingültige Sprache, mit der die Natur zu allen Menschen spricht und sie Demut lehrt, damit sie Weisheit und Verständnis erlangen können.

Ein weiser Mann sagte einmal, es sei unmöglich, mit einem Menschen zu leben, der niemals versagt oder irgendeines seiner Ziele verfehlt habe. Dieser Mann fand auch heraus, dass man Erfolge in fast genau demselben Ausmaß erzielt, in dem man Widrigkeiten und Niederlagen erlebt und meistert.

Und er machte noch eine weitere wichtige Entdeckung – dass die wirklich großen Errungenschaften Männern und Frauen jenseits der fünfzig zuzuordnen sind. Seiner Meinung nach liegt die produktivste Phase des menschlichen Denkens im Lebensalter zwischen sechzig und siebzig Jahren.

Abraham Lincoln verlor seine Mutter, als er noch sehr klein war. »Darin liegt kein Keim eines gleichwertigen Vorteils«, mag manch einer sagen. Doch sein Verlust brachte ihm eine Stiefmutter, deren Einfluss in ihm den Ehrgeiz weckte, sich zu bilden und es in seinem Leben weit zu bringen.

Marshall Fields Schwur

Marshall Field verlor seinen Laden beim großen Brand von Chicago und damit praktisch sein gesamtes Vermögen. Mit Blick auf die rauchende Asche sagte er: »An dieser Stelle werde ich das größte Einzelhandelsgeschäft der Welt eröffnen.« »Marshall Field & Co.«, der große Laden, der jetzt an der Ecke State und Randolph Street in Chicago zu finden ist, beweist, dass jede Widrigkeit den Keim eines gleichwertigen Nutzens in sich trägt. Manchmal braucht es Mut, Glauben und Vorstellungskraft, um diesen Keim zu entdecken und den Vorteil zum Erblühen zu bringen. Aber er ist immer da.

Nehmen Sie zum Beispiel den Fall von Michael L. Benedum, der mit sechsundachtzig Jahren der weltweit führende Ölsucher ist – mit einem Privatvermögen von über einhundert Millionen Dollar. Fragen Sie ihn nach dem Geheimnis seines Erfolgs, und Mike Benedum wird Ihnen sagen: »Ich habe gelernt, einfach weiterzumachen, wenn es schwierig wird.« Beispielsweise hatte er kaum sein erstes Vermögen gemacht, als er einem schlechten Rat folgte – und sein letztes Hemd verlor.

Benedum verwandelte die Niederlage in einen Sieg, indem er eine wichtige Lektion lernte: sich bei maßgeblichen Entscheidungen auf sein eigenes Urteil zu verlassen. In der Folge machte er »einfach weiter«, um mehr Ölquellen in aller Welt zu finden, als in der gesamten Menschheitsgeschichte jemals genutzt wurden.

Körperliche Einschränkungen

Im Jahr 1920 erlitt er erneut eine Niederlage, als sein Versuch scheiterte, ergiebige Ölquellen auf den Philippinen zu finden. Benedum ließ sich nicht unterkriegen und sagte: »So sind nun mal die Spielregeln. Man kann nicht überall Öl finden. Sonst würde die Ölsuche ja keinen Spaß machen.«

Unsere amerikanische Gesellschaft wimmelt von Menschen, die es durch die Überwindung von Schwierigkeiten zu Ruhm und Reichtum gebracht haben. Selbst körperliche Beschwerden und Einschränkungen müssen kein Hindernis darstellen – wie Franklin D. Roosevelt, Theodore Roosevelt, Helen Keller und Thomas Edison beweisen.

Lernen Sie aus dem Scheitern, wie es Richard M. Davis aus Morgantown, West Virginia, tat, der sich im Bergbau nach oben gekämpft hat – nur um in der Wirtschaftskrise alles wieder zu verlieren, auch sein Heim und seine Möbel. Er fand heraus, dass sein Ruf, den er dadurch retten konnte, dass er sich weigerte, in die Insolvenz zu gehen, sein großer Trumpf war. Allein damit meisterte er die Herausforderungen seiner schwierigen Situation und zahlte seine Schulden von fast einhundertfünfzigtausend Dollar zurück.

Heute ist Davis der Präsident der Davis-Wilson Coal Co. in Morgantown und nicht nur überaus wohlhabend, sondern auch ein Vorreiter im Kampf für den internationalen Frieden.

Tatsachen des Lebens

Auch Sie können auf der Erfolgswelle schwimmen, wenn Sie lernen, den Keim eines gleichwertigen Nutzens in jedem Ihrer Rückschläge zu entdecken und zu nutzen.

Zwei wichtige Tatsachen des Lebens ragen heraus. Die eine ist, dass jeder von uns unweigerlich irgendwann einmal eine Niederlage erleidet. Die andere ist, dass jede Widrigkeit den Keim eines gleichwertigen Nutzens in sich trägt, oft in versteckter Form.

Aus der Analyse dieser beiden Tatsachen lässt sich unschwer folgern, dass der Schöpfer den Menschen durch Mühen an Stärke, Verständnis und Weisheit gewinnen lässt. Unglück und Scheitern sorgen dafür, dass man sich geistig weiterentwickelt und vorankommt.

Es fällt uns oft schwer, das Potenzial eines gleichwertigen Nutzens in unserem Unglück zu erkennen, wenn die Wunden noch schmerzen. Doch die Zeit, die größte aller Heilerinnen, wird es denjenigen enthüllen, die aufrichtig danach suchen und daran glauben, dass sie es finden können.

Artikel XV: Die kreative Vision

Die Macht der Fantasie steht Ihnen in zwei Formen zu Gebote. Eine ist als synthetische Vorstellungskraft bekannt. Sie besteht in einer Kombination aus bekannten Ideen, Konzepten, Plänen oder Fakten, die auf neue Weise miteinander verbunden werden.

Die andere ist bekannt als kreative Vorstellungskraft. Sie funktioniert durch den sechsten Sinn und dient als Medium, durch das im Wesentlichen neue Fakten oder Ideen enthüllt werden.

Sie ist auch das Medium für Inspirationen.

Thomas A. Edison nutzte die synthetische Vorstellungskraft für die Erfindung der Glühbirne, indem er zwei wohlbekannte Prinzipien auf neue Weise zusammenfügte. Schon lange vor seiner Zeit war bekannt, dass mithilfe von Elektrizität Licht erzeugt werden konnte, indem man diese Energie in einen Draht leitete und einen Kurzschluss erzeugte. Aber niemand hatte eine Methode gefunden, die das Metall vor raschem Verbrennen schützte.

Edisons Entdeckung

Edison fand heraus, wie das funktionieren konnte, indem er das Prinzip anwandte, nach dem Holzkohle hergestellt wird. Dabei wird Holz entzündet und dann mit Sand bedeckt, damit nur noch gerade genug Sauerstoff zum Feuer durchdringen kann, dass es glimmt, aber nicht lodert.

Angeregt durch den Grundsatz, dass nichts ohne Sauerstoff brennen kann, platzierte Edison einen Draht in einer Flasche und pumpte dann die gesamte Luft heraus. Daraufhin leitete er Strom durch die Drähte, und siehe da – die erste elektrische Glühbirne war geboren.

Dr. Elmer R. Gates aus Chevy Chase, Maryland, gibt uns ein gutes Beispiel für die kreative Vorstellungskraft. Auf sein Konto gehen mehr Patente als auf das von Edison. Die meisten davon wurden durch die Anwendung seines sechsten Sinns perfektioniert, der bei ihm sehr ausgeprägt war.

Indem er sich in einen schalldichten Raum einschloss und das Licht löschte, konnte Dr. Gates alle physikalischen Störungen eliminieren und sich ganz darauf konzentrieren, die gewünschten Informationen zu empfangen. Wenn die Informationen mittels seines sechsten Sinns durchdrangen, schaltete er das Licht ein und schrieb sie sofort auf. Seltsamerweise wurden ihm dabei manchmal Ideen enthüllt, nach denen er gar nicht gesucht hatte, eine Tatsache, die in hohem Maße für die große Zahl der von ihm perfektionierten Erfindungen verantwortlich war.

Sechster Sinn

Ihre fünf körperlichen Sinne bringen Sie in Kontakt mit der physischen Welt und machen ihre Beschaffenheit und Bräuche für Sie zugänglich. Der sechste Sinn jedoch, der durch den unterbewussten Teil Ihres Verstands funktioniert, stellt die Verbindung zu den unsichtbaren Mächten des Universums her. Er verschafft Ihnen ein Wissen, das Sie durch Ihre beschränkten körperlichen Sinne nicht erwerben könnten.

R. G. LeTourneau, der weltbekannte Industrielle, vollbringt wahre Wunder bei der Herstellung von Maschinen, von denen selbst die gewieftesten Ingenieure sagen, dass sie eigentlich unmöglich sind, und das, obwohl er wenig bis gar keine Vorkenntnisse in Mechanik besitzt. Er verwendet ein ähnliches

System wie Edison und stellt mechanische Geräte her, die so ziemlich alles können außer sprechen.

George Parker, der Gründer der berühmten Parker Pen Co., brachte unter Zuhilfenahme seines sechsten Sinnes seine gesamten geschäftlichen Angelegenheiten auf ein beneidenswert hohes Leistungsniveau. Und man sagt, dass George Eastman, der berühmte Kamerahersteller, es auf dieselbe Weise zum Erfolg brachte.

Der sechste Sinn der kreativen Vision wird zuverlässiger durch systematische, regelmäßige Anwendung, ebenso wie die fünf körperlichen Sinne.

Fontainebleaus Vision

Alle Menschen auf den obersten Stufen des Erfolgs haben irgendein System, mit dem sie ihren Geist konditionieren, um auf die »Erfolgswelle« zu gelangen und auch dort zu bleiben. Und manch erfolgreiche Person wendet ein Konditionierungssystem an, ohne zu erkennen, was sie da tut.

Es war eine kreative Vision, die zur Errichtung des luxuriösen Fontainebleau-Hotels in Miami Beach führte.

Der Hotelier Ben Novack traf 1940 mit nur tausendachthundert Dollar in Miami ein – und mit einem Traum. Sein Traum bestand in einem wunderschönen Hotel, das auf der ganzen Welt bekannt wäre für seinen Luxus und die Erholung, die sich dort finden ließe. Durch umsichtiges Aufstocken seiner mageren Ressourcen und die Begeisterung, mit der er Investoren seinen Traum vermittelte, konnte Novack seine kreative Vision umsetzen – und vor einem Jahr im Dezember öffnete das Fontainebleau seine Pforten für die ersten Gäste.

Als Pelztierjäger in Labrador kostete Clarence Birdseye einmal Kohl, der zufällig gefroren gewesen war. Dieses Erlebnis brachte ihn auf die Idee, mit tiefgekühlten Nahrungsmitteln zu handeln.

Träume werden wahr

Machen Sie auch Ihre Träume durch kreative Visionen wahr, so wie es Ben Novack und Clarence Birdseye taten?

Eine sehr effektive Methode, den sechsten Sinn einzusetzen, besteht darin, eine klare, prägnante Beschreibung des Problems zu notieren, das Sie lösen wollen, oder des Ziels, das Sie erreichen möchten. Wiederholen Sie dies mehrmals täglich in Form eines Gebets. Das Gebet sollte auf einem unerschütterlichen Glauben beruhen, der so entschieden und stark ist, dass Sie sich selbst bereits am Ziel sehen können.

Wenn diese Methode beim ersten Versuch nicht die gewünschten Ergebnisse hervorbringt, probieren Sie es weiter. Zeigen Sie jedes Mal Dankbarkeit, als hätten Sie Ihr Ziel bereits erreicht, auch wenn es physisch noch nicht in Ihrer Reichweite liegt.

Der Generalschlüssel zum Erfolg ist Ihre Fähigkeit, an Ihren Erfolg zu glauben. Denken Sie daran: Was immer Ihr Verstand sich vorstellen und woran er glauben kann, das kann er auch erreichen.

Artikel XVI: Zeit und Geld einteilen

John Wanamaker, der Handelskönig von Philadelphia, sagte einmal: »Wer kein festgelegtes System für die richtige Nutzung seiner Zeit und seines Geldes hat, erlangt niemals finanzielle Sicherheit, es sei denn, er hat einen reichen Verwandten, der ihm ein Vermögen hinterlässt.«

Ihre Zeit ist eins Ihrer wichtigsten Güter! Und zwar dasjenige, das Sie in jede beliebige Form von Reichtum verwandeln können. Oder Sie verbringen Ihr ganzes Leben ohne Plan und Ziel jenseits der Sicherung von Nahrung und Obdach.

Wenn Sie ein ausgeglichenes, erfolgreiches Leben wollen, sollten Sie die Notwendigkeit eines systematischen Plans erkennen, mit dem Sie Ihre Zeit so steuern, dass der Erfolg garantiert ist.

Die Zeit eines normalen Menschen kann in drei Teile untergliedert werden – einen für den Schlaf, einen für die Arbeit und einen für die Freizeit.

Freizeit ist am wichtigsten

Die Gesundheit verlangt mindestens acht Stunden Schlaf pro Tag. Acht bis zehn Stunden täglich sind der Arbeit vorbehalten. Damit bleiben sechs bis acht Stunden Freizeit, die man so nutzen kann, wie es einem gefällt.

Das ist der wichtigste Teil des Tages, was Ihr persönliches Vorankommen angeht. Er gibt Ihnen die Möglichkeit, an sich zu arbeiten und sich fortzubilden, sodass Sie mit Ihren Arbeitsstunden einen höheren Preis erzielen können. »Wer seine freie Zeit nur für das persönliche Vergnügen und das Spiel nutzt, wird niemals erfolgreich sein.«

Schlaf ist notwendig für Ihre Gesundheit. Schränken Sie ihn daher nicht ein. Ihre Arbeit erfordert all Ihr Denkvermögen und Ihre Handlungsfähigkeit für bestimmte Pflichten. Die einzige Gelegenheit, die sich Ihnen für die Vervollkommnung bietet, besteht daher in der Modifikation der Qualität und Quantität Ihrer Leistungen.

Ihre Freizeit ist genau das, was der Name schon sagt: Zeit, die Sie nach Belieben verwenden können. In dieser Zeit kann man nicht nur die Saat für künftige Chancen ausbringen, sondern sie auch zum Keimen und Wachsen bringen, um schließlich in irgendeiner Form weiterzukommen.

Das Beispiel Henry Crown

Dem Chicagoer Industriellen Henry Crown gelingt es durch sorgsame Einteilung seiner Zeit, eine Vielzahl von Aktivitäten auszuführen. Er leitet nicht nur die riesige Material Service Corporation, sondern auch ein Konsortium, dem das Empire State Building gehört.

Freizeit kann auch gemeinsam mit sorgfältig ausgewählten Gefährten sinnvoll genutzt werden, die Sie auf dem Weg zum Erfolg inspirieren und unterstützen.

»Zeig mir die engsten Verbündeten eines Mannes«, sagte Thomas A. Edison, »und ich sage dir, welchen Charakter der Mann hat und wie weit er es im Leben bringt.«

Ihre Freizeit gehört strikt Ihnen. Wenn Sie sie hinreichend schätzen, können Sie sie nutzen, um Freundschaften zu schließen, die sich als wertvoll erweisen, falls Sie Hilfe brauchen. Sie sollten diese Zeit in mehrere Bereiche aufteilen – für die Arbeit an sich selbst, zur Erholung und Entspannung, für ein Hobby.

Man kann seine Freizeit auch zu Recht als »Chancenzeit« bezeichnen. Für manchen erweist sie sich lediglich als »Unglückszeit«. Denn gerade in diesen Momenten entwickeln die meisten Menschen ihre negativen Gewohnheiten, die sich entscheidend auf ihre Arbeitszeit auswirken. Zum Beispiel die Marotte, etwas von ihrem Schlaf abzuknapsen für Zwecke, die ihnen keinerlei Vorteile bringen.

Einteilung ist entscheidend

Wie soll man seine Einnahmen und Ausgaben einteilen?

Ein erfolgreicher Mann teilt sich sein Geld ebenso sorgfältig ein wie seine Zeit. Er legt einen festen Betrag beiseite für Lebensmittel, Kleidung und Haushaltsausgaben, für Versicherungen, zum Sparen und Investieren, für Spenden und für Freizeit. Der jeweilige Betrag hängt natürlich vom Beruf und vom Einkommen ab.

Ein alleinstehender Mann sollte einen viel größeren Prozentsatz seines Einkommens sparen, als dies einem verheirateten Mann möglich ist, denn im Allgemeinen hat er weniger Verpflichtungen. Doch jeder, ob Mann oder Frau, sollte einen festgelegten Anteil sparen, auch wenn es nicht mehr sind als fünf Prozent.

In Zeiten der Not kann Ihnen sogar ein bescheidenes Bankguthaben Mut und Sicherheit geben. In Zeiten des Wohlergehens stärkt es Ihr Selbstbewusstsein und schützt Sie vor Unruhe. Geldsorgen können Ihren Ehrgeiz ersticken – und Sie!

Artikel XVII: Gesundheit und eine positive innere Einstellung

Ihr Gehirn ist der unbestrittene Chef in Ihrem Körper. Eine der wichtigsten Bedingungen für eine gute Gesundheit ist eine positive innere Einstellung.

Eine negative Geisteshaltung ist die perfekte Grundlage für Hypochondrie – imaginäre Krankheiten. Ein Großteil der Arbeit, die Ärzte heutzutage leisten, liegt im Bereich der »Psychosomatik«.

Gesundheit beginnt mit einem gesunden Bewusstsein – genau wie finanzieller Wohlstand mit dem Bewusstsein für selbigen beginnt.

Wie können Sie also ein Bewusstsein für Ihre Gesundheit entwickeln? Denken Sie in gesunden Kategorien. Sprechen Sie in gesunden Kategorien. Seien Sie maßvoll in allen Bereichen, besonders beim Essen und bei Genussmitteln.

Ihre geistige Einstellung wirkt sich auf jede Funktion Ihres Körpers aus.

Essen im Überfluss oder in der falschen Zusammensetzung kann so tödlich sein wie Gift. Und Sie wissen natürlich, dass Angst, Kummer, Wut, Eifersucht, Sorge und Hass während des Essens äußerst schädlich sein können.

Schädlicher Alkohol

Zu viel Alkohol oder andere Rauschmittel, die mit der Nahrung vermischt werden, zerstören einen Teil des Nährwerts und entwickeln eine giftige Wirkung. Was »zu viel« ist, hängt davon ab, wer es zu sich nimmt und wie seine allgemeine gesundheitliche Verfassung ist.

Die alte Weisheit »Manche Menschen schaufeln sich ihr Grab mit den Zähnen« ist keine leere Redewendung. Sie ist wahr. Ihr Körper braucht alle wichtigen Vitamine und Mineralstoffe. Manchmal ist es wichtig, Nahrungsergänzungsmittel und Vitamine hinzuzufügen, um Ihrem Körper die notwendige Vitalität und Energie zu geben, mit der Sie sich zum Erfolg aufschwingen.

Gesunde Nahrung muss auf einem Boden angebaut werden, der nachweislich alle Mineralstoffe bietet, die in Lebensmitteln enthalten sein müssen, um die Gesundheit zu fördern.

Gesundheit erfordert ein ausgewogenes Leben, damit der »unsichtbare Arzt«, der Tag und Nacht im Inneren des Körpers tätig ist, genügend Zeit hat, um Schäden zu beheben, die man seinem Körper zufügt, indem man ihn vernachlässigt oder weil man die Regeln der Gesunderhaltung nicht kennt.

Psychiater und Psychologen haben herausgefunden, dass Gesundheit in erstaunlichem Maße von der Balance zwischen Liebe und Verehrung, Arbeit und Vergnügen abhängt.

Arbeit und Vergnügen

Jeder gut informierte Laie weiß, dass Arbeit mit Entspannung und Vergnügen ausgeglichen werden muss, damit man gesund bleibt.

Doch bis vor Kurzem wussten nur Experten, dass im Interesse der Gesundheit auch das Empfangen und Geben von Liebe kontrolliert und ausgewogen sein müssen.

Dies sind ein paar allgemeine Regeln, mit denen Sie Ihre Gesundheit bewahren können: Suchen Sie sich einen kompetenten Arzt, dem Sie vollauf vertrauen, und lassen Sie sich mindestens einmal im Jahr gründlich untersuchen. Wenn es irgendwelche versteckten Krankheitssignale gibt, wird der Arzt sie ziemlich sicher finden und etwas dagegen unternehmen. Seine Diagnose, dass Sie kerngesund sind, gibt Ihnen eine Sicherheit, die weitaus mehr wert ist als das Honorar, das er verlangt.

Wenn Sie durch Ihre normale Ernährung nicht alle notwendigen Vitamine und Mineralstoffe bekommen, lassen Sie sich von einem kompetenten Ernährungsfachmann sagen, welche Art und Menge von Nahrungsergänzungsmitteln Sie brauchen.

Halten Sie sich strikt an seine Empfehlungen. Versuchen Sie in Sachen Nahrungsergänzungsmittel nicht, an sich selbst »herumzudoktern«.

Bringen Sie Ihre Geisteshaltung unter Kontrolle und sehen Sie zu, dass sie es auch bleibt. Folgen Sie den sechzehn Regeln, die Ihnen in dieser Serie vorgestellt wurden, angefangen mit der Zielstrebigkeit, dem angewandten Glauben, der Begeisterung und der Gewohnheit, zusätzliche Leistung zu erbringen.

Ein gesunder Körper verhilft Ihnen zu innerem Frieden und finanziellem Wohlstand.

Artikel XVIII: Mit Gewohnheiten zum Reichtum

Alle Ihre Erfolge und Misserfolge sind Ergebnisse der Gewohnheiten, die Sie entwickelt haben. Es gibt zwei Arten von Gewohnheiten – diejenigen, die wir bewusst und freiwillig für bestimmte Zwecke ausbilden, und diejenigen, die sich einfach zufällig entwickeln, weil es uns an einer organisierten Philosophie oder einem Arbeitsplan fehlt, der ein geordnetes Leben schaffen würde.

Beide Formen von Gewohnheiten funktionieren automatisch, wenn man sie erst einmal angenommen hat; beide unterliegen direkt dem großen universellen Gesetz, das ich als »kosmische Gewohnheitsmacht« bezeichne.

Es scheint mir recht offensichtlich, dass die kosmische Gewohnheitsmacht der übergeordnete Auditor ist, durch den die Natur all ihre Regeln durchsetzt. Durch sie bewahrt sie die bestehende Beziehung zwischen den Atomen der Materie, den Sternen und Planeten am Himmel, den Jahreszeiten, Krankheit und Gesundheit, Leben und Tod. Sie mag das Medium sein, durch das Gedanken in ihr physisches Äquivalent umgewandelt werden.

Sie wissen natürlich, dass die Natur ein perfektes Gleichgewicht zwischen all diesen Elementen der Materie und der Energie im gesamten Universum wahrt und dass diese Aufrechterhaltung systematisch, automatisch und geordnet stattfindet. Sie können sehen, wie die Sterne und Planeten sich mit perfekter Zeitsteuerung und Präzision bewegen, wobei jeder seinen eigenen Platz in Raum und Zeit behält.

Auch können Sie sehen, dass eine Eiche aus der Eichel wächst, immer, und eine Tanne aus dem Samen ihrer Vorgänger. Und Sie wissen, dass die Natur niemals einen Fehler macht und eine Tanne aus einer Eichel wachsen lässt oder eine Eiche aus dem Tannensamen.

Es gibt Fakten, die Sie sehen können. Aber erkennen Sie auch, dass sie nicht einfach zufällig zustande kommen? Etwas muss diese Dinge geschehen lassen. Dieses Etwas ist die Macht, die Gewohnheiten festigt und dauerhaft verankert. Der Mensch ist das einzige Lebewesen, dem der Schöpfer das Privileg zugesteht, seine eigenen Gewohnheiten zu formen, damit sie seinen Wünschen entsprechen.

Wir werden von Gewohnheiten gesteuert, jeder von uns. Durch Wiederholung unserer Gedanken und Handlungen festigen wir sie. Deshalb können wir unser irdisches Schicksal und unsere Lebensweise nur insoweit kontrollieren, wie wir unsere Gedanken unter Kontrolle haben. Wir müssen sie lenken, damit sie jene Art von Gewohnheiten bilden, die uns als Leitlinien für unsere Lebensführung dienen. Gute Gewohnheiten, die zum Erfolg führen, kann jeder bestimmen und nutzen. Schlechte Gewohnheiten können von jedem kraft seines Willens durchbrochen und durch gute ersetzt werden.

Der Mensch hat die Kontrolle

Die Gewohnheiten aller Lebewesen, mit Ausnahme des Menschen, werden durch etwas bestimmt, was wir als »Instinkt« bezeichnen. Das erlegt ihnen Beschränkungen auf, aus denen es kein Entkommen gibt.

Der Schöpfer gab dem Menschen nicht nur die vollständige, uneingeschränkte Kontrolle über die Macht der Gedanken, sondern in dieser Gabe ist auch das Mittel enthalten, um gedankliche Macht zu erlangen und sie zu jedem gewünschten Zweck einzusetzen.

Zudem hat der Schöpfer dem Menschen ein weiteres Privileg gegeben, mittels dessen Gedanken sich in ihr physisches Äquivalent zu kleiden.

Darin liegt eine tiefe Wahrheit. Sie können damit die Türen zur Weisheit öffnen und ein geordnetes Leben führen, Sie sind in der Lage, die für Ihren Erfolg notwendigen Faktoren zu kontrollieren.

Zahlreich sind die Belohnungen für jeden, der Besitz von seiner eigenen Geisteskraft ergreift und sie auf selbst gewählte feste Ziele lenkt. Aber ebenso zahlreich sind auch die Strafen, wenn man dies nicht tut.

Keine Wunder

Die kosmische Gewohnheitsmacht wirkt keine Wunder, versucht nicht, etwas aus dem Nichts zu schaffen, und sagt auch nicht, welchen Weg man einschlagen soll. Aber sie hilft dabei, ja sie zwingt einen, selbstverständlich und logisch vorzugehen, um die eigenen Gedanken in ihr physisches Äquivalent umzuwandeln – was geschieht, indem man das natürliche Medium nutzt, das all jenen zur Verfügung steht, die mit ihren Gedanken verbunden sind.

Wenn Sie anfangen, Ihre Gewohnheiten neu zu ordnen und neue zu entwickeln, legen Sie den Grundstein der Erfolgsgewohnheit. Begeben Sie sich auf die »Erfolgswelle«, indem Sie Ihre täglichen Gedanken darauf konzentrieren, was Sie erstreben. Nach einiger Zeit werden diese neuen Denkgewohnheiten Sie unweigerlich zu Ruhm und Wohlstand führen.

to
RICHES
KEY TO RICHES

»Was immer der Verstand sich vorstellen und woran er glauben kann, das kann er auch erreichen.«

Napoleon Hill

Gedanken sind Taten!

ISBN: 978-3-424-20257-1

Überwinden Sie Ihre persönlichen Grenzen, machen Sie den Glauben an sich selbst zum Motor Ihres Erfolgs und schreiten Sie voller Selbstvertrauen aktiv zur Tat: Sie werden erstaunliche Erfolge erzielen, wenn Sie die tiefsten Schichten Ihrer Psyche gezielt für sich arbeiten lassen. Denn in der Autosuggestion liegt der Schlüssel Ihres Reichtums. Es ist verblüffend, wie viel wir allein mit der Kraft unserer Gedanken bewirken können. Werden auch Sie mit den 13 Gesetzen zum Gewinner!

ARISTON